Business Data Science with

Python 4

Pythonによる
ビジネス
データサイエンス

ファイナンス
データ
分析

岡田克彦［編］

朝倉書店

シリーズ監修者

加藤直樹（兵庫県立大学大学院情報科学研究科／社会情報科学部）

編集者

岡田克彦（関西学院大学大学院経営戦略研究科）

執筆者（五十音順）

岡田克彦（関西学院大学大学院経営戦略研究科）

髙橋秀徳（神戸大学経済経営研究所）

羽室行信（関西学院大学大学院経営戦略研究科）

村宮克彦（大阪大学大学院経済学研究科）

まえがき

—本書のねらいとつかいかた—

日本には上場している企業が現在3,000社以上ある。そのひとつひとつの企業について，株価，出来高，時価総額，純利益，PER (株価収益率)，ROE (株主資本利益率)，PBR (純資産倍率) などおおくの指標がある。日次単位で計算されるそれらの指標を，一般的なファイナンス分析では数十年単位の期間で検証することがおおい。これだけでもビッグデータである。そのため，株式市場のデータ提供を専門とする情報ベンダーが何社もあり，銀行，証券，資産運用会社などはそれらの業者から大量のデータを日々購入し市場を分析している。最近では経済がグローバル化したことにより，日本の企業を分析するうえでも，海外の取引先，サプライチェーン，景気動向等の情報は不可欠となってきた。いまや日本国内の情報だけでは不十分で，米国，中国，東南アジア，欧州のデータも必要だということになる。米国の株式市場は日本の数倍の規模があり，それに加えて，中国，東南アジア，欧州を網羅したいとなると，金融市場であつかうデータは膨大なものとなる。このような現状にあって，ファイナンス理論をしっかり理解したうえでデータ解析できる人材の育成は急務となっているのだ。本書のねらいは，こうした膨大なデータを，ファイナンス理論をふまえたうえで解析できる人材育成に資することである。そのため，現実の株式市場のデータをあつかいながら学習を進めていくのが理想的だ。それに似た環境を作るため，ランダムに作成した株価データを本書のサポートサイト (URL：https://www.asakura.co.jp/detail.php?book_code=12914) に用意しておいた。擬似的なデータではあるが，現実の株式市場の特徴も兼ね備えたものとして加工しているので，演習などを通じて活用してほしい。また，章末問題の解答も掲載している。

分担執筆

本書の構成と執筆担当は，次のとおりである。「1章：株式市場と対峙するにあたって」では，岡田が株式市場とはどのようなもので，株式市場を分析するとは何をみていくことなのかを述べている。「2 章：チュートリアル：株価を分析してみよう」ではテクニカル分析からポートフォリオ構築の基礎まで，岡田と髙橋が担当している。この章から「手を動かしながら学ぶ」というスタイルがとられている。スクリプトについては本章も含めてすべての章について羽室が作成，管理している。「3 章：ファイナンスのパラダイム」では，髙橋がファイナンスの基本的な考え方を述べている。この章の内容をふまえてファイナンス分析をおこなうことは，意味のある解析をするうえで重要である。「4 章：ファンダメンタル分析」では，村宮が財務諸表の情報と株式市場における株式評価の関連性について説明している。この章においては，株価としてみえている数字の背景には，さまざまな企業活動が記録された会計・財務データの裏打ちがあり，それを評価する人間が株価変動を作り出している一面が理解されるだろう。「5 章：ポートフォリオの評価と資産価格評価モデル」では，村宮が，もっともファイナンスらしい解析を紹介する。読者がこの章の内容を理解したうえでスクリプトが書けるようになれば，本書の目的は達せられたといえよう。「6 章：応用ケース」では 3 つのケースを考える。まず，髙橋が β の意味理解を深めるためのケースを作成した。次に，村宮は，会計数字と株式市場の齟齬がひきおこすアノマリーのケースを作成した。最後に，羽室がハーディング (群衆行動) が株価の予測可能性をもたらすケースを作成した。分担執筆とはいえ，すべての原稿については著者全員で議論し，すべての章は全執筆者の共同作業と考えていただいてよい。

本書を著すにあたって，伊藤悟視氏，小野慎一郎氏，川上雄大氏，前川浩基氏に貴重な意見をいただいた。ここに記して深謝する。

著者一同，本書が読者にとって新しい世界への扉をひらく一助となることを祈念している。

2022 年 2 月

岡田克彦・髙橋秀徳・羽室行信・村宮克彦

目　　次

Chapter 1
株式市場と対峙するにあたって

本章では，ファイナンス領域の解析をおこなううえで，おさえておかなければならない重要な考え方をできるだけ平易な言葉で解説する。まず株価はランダムウォークに近いという厳しい現実について理解したい。つまり，株価予測はそんなに簡単なタスクではないということだ。次に，株式市場は人間が形成しているものであり，人間のクセや考え方のバイアスが，株価予測の手がかりになりえるということだ。これは，株価予測の可能性を示すものであり，おおくのデータを使って達成することができるかもしれない。

1.1　株価は予測できるのだろうか

本書を手にとられた読者の中には，工学系のバックグラウンドをおもちの方や，コンピュータ・プログラミングには明るいが，資本市場やファイナンス理論については詳しい知識がないという方もおおいかもしれない。社会科学の中でもファイナンスは，おおくのデータをあつかう。「株価」「出来高」以外にも「時価総額」「株主資本」「借り入れ比率」など企業属性に関するさまざまなデータが，整理された形で比較的入手しやすい領域だといえる。そのため，コンピュータ・サイエンスの研究者が新しい手法を試すときに，「株価予測」を目的として研究発表している事例がよくみられる。ただ，応用ミクロ経済学として発展してきた経緯から，ファイナンスの実証研究は体系化された理論にもとづくことが要求される。異分野の専門家がファイナンス理論を無視したデータ分析をおこなった場合，たとえ実験期間の予測精度が高かったとしても，まじめには聞いてもらえないのである。

そもそも株価予測など可能なのだろうか。実はこの「問い」は，現在も研究者の間で意見が分かれるところである。3 章で登場する「効率的市場仮説」によれば，株価を予測することは，将来どのようなニュースが到来するかを当てるくらい難しいことだという。一方，同じく3章で紹介される「行動ファイナンス」では，株式評価は市場において人間がおこなうものであるから，人間としてのバイアスや習性が株価に何らかの予測可能性をもたらしている証拠をつきつける。株価予測が可能なのかどうかはとても大きなテーマである。読者は自らのモデルでその答えをさがしてもらいたい。ただ，やみくもにデータをさわる前に，3章で紹介するファイナンスのパラダイム (理論が依拠している礎となる考え方) と基本的理論をしっかりおさえておいてもらいたい。

1.2 株式を保有することの意味

そもそも株式会社とはどのようなもので，株価を決める要因は何なのかを考えてみよう。1602年にオランダで設立された東インド会社は，近代的株式会社の起源だといわれている。当時，ヨーロッパにとってインドとの貿易は大きな儲けを生むものだったが，船で長期航海に出ることはとてもリスクの高いことでもあった。そうした時代に，ある天才的な発想をした者がいた。「おおくのお金持ちから出資を募り，資金を出しあって船を買い，船員達を雇ったらどうか。そうすればおおくの者の希望をかなえることができる」と考えたのだ。お金はないが，情熱ある船乗りたちが命を賭けて航海に出て，高い成功報酬をもらう。危険はあるが，報酬も大きい。一方，出資者 (株主) は，途中で船が沈没したり，積荷が盗まれたりすると出資金を失うが，出資した以上の金額を失うことはない。出資金を失うリスクを負う反面，無事に航海から帰ることができれば大きな儲けが得られる。こうして，リスクをとった見返りに大きなリターンを得ることができる仕組みができあがり，それが現在の株式会社の原型となった。

したがって株式の価値は，積荷が無事到着したらこれくらいの分け前がもらえるぞ！　という予測値 (将来期待キャッシュフロー)[*1] と，嵐にあって船が積荷ごと沈んでしまうリスク (事業リスク) の兼ね合いで決まる。こう考えると，時々刻々と変化する天候に関する情報や積荷の中身の需要に関する情報によって株価は変化するはずだ。天候が安定し (リスクが下がり) 積荷の中身への需要

[*1] 期待キャッシュフローについては4章で説明する。

が増えたら (期待キャッシュフローが増加したら) 株価は上がり，天候が荒れ，積荷に対する需要が減ったら株価は下落する。こうした情報はその都度株価に反映されるが，そのパターンはランダムなので予測が不可能，したがって株価動向もランダムウォーク (一定時間ごとにランダムな方向に移動するものを数学的にモデル化したもの) なのである。事実，1953 年にケンダール (Maurice Kendall) という英国の統計学者は株価のランダムウォーク性を発見した。この発見は，景気循環が株価に反映されると考えていた当時の研究者達に驚きをもって受け止められたそうだが，冷静になって考えてみると当然のことである。

1.3　株価動向のランダムウォーク

前節で，株価に影響を与える情報はランダムに到来するので，その動きがランダムウォークだと説明した。これはあくまでも株価が瞬時にすべての情報を反映していれば，という前提である。この前提は 3 章で詳しく解説する「効率的市場仮説」を指す。すべての情報が瞬時に株価に反映されているという，一見かなりきつい前提が，おおむね現実とかけ離れていないのは，**裁定取引**をする者が存在するからである。裁定取引とは，資金をかけずに株式を取引することで利益をあげようとする行為である。もし株価の動き方に，情報の反映以外の何らかのパターンが存在するのであれば，人々はそのパターンを利用した裁定取引をすることで，利益を得ることができる。

単純な例を考えよう。仮に，情報の有無にかかわらず，A 社株は水曜日には必ず株式市場全体の動きと比較して相対的にパフォーマンスがよくなるという，曜日に依存した法則が存在したとしよう。少し考える投資家は，水曜日の前に A 社株式を購入 (ロング) し，株式市場全体 (株価指数)*2) を同額空売り (ショート) する。この「ロング」と「ショート」という言葉はファイナンスに固有の表現で，これからも頻出するのでしっかり整理しておいてほしい。株式を買うことを「ロング」すると表現し，もっていない株式を借りてきて売る (空売りするともいう) ことを「ショート」するという。株式市場には，一時的に売りたい投資家のために一定期間株式を貸してくれる制度があるから，このような取引が

*2)　株式市場全体を取引するために株価指数という金融商品が用意されている。投資家は，それを売買することで株式市場全体をロングすることもショートすることもできる。

可能となる。空売りする投資家は期限までに株式を買い戻して貸主に返済する必要がある。株価が下がるという思惑があれば，空売りしてから安くなったところで買い戻そうとするだろう。

話を裁定取引に戻そう。水曜日の前日 (火曜日) に A 社株をロングして株価指数をショートし，水曜日に A 社株を売却し，株価指数を買い戻すとしよう。この投資家は，購入と同時に同額売却して，またその翌日に反対売買をしているので，手数料などを除けばお金を一切投資していないことになる。しかし，曜日に依存した株式の異常な動きの法則を発見したことにより，利益を得ることができるのだ。もし，裁定取引をおおくの投資家がおこなうようになればどうなるだろうか。A 社株は水曜日の前に上昇してしまうことになり，結局，水曜日に上がるという法則は消滅してしまうだろう。皆がその法則に気づくことによって，法則そのものが失われてしまうのである。株価動向が何らかのわかりやすい法則性を継続的に示さないのは，裁定取引をおこなう市場の参加者が先回りすることができるからだといえよう。

1.4 ファイナンスデータ解析の意味

株価解析の目的は，そこに何らかの規則性を見出すことであるから，株価がランダムウォークしているのであれば，解析したところで予測は不可能だということになる。ところが，現実の株式市場を構成しているひとりひとりは生身の人間である。合理的な人間が株式市場を形成しているという仮定をもってファイナンス理論は構築されているが，現実の市場には感情にまかせた取引をおこなったり，情報もないまま他人に追随したりと，非合理的な行動をする投資家はおおい。興味深いことに，人間行動の非合理性の中には規則性があり，予測可能なものもあるのだ。

競馬を例にとって考えよう。競馬は投資ではなく娯楽であるが，馬券の購入パターンにも人間の非合理性がひきおこす価格のゆがみがある。賞金 1 万円が 10%の確率で当たる馬券と，賞金 50 万円が 0.1%の確率で当たる馬券であれば，賞金の期待値から前者の方が好まれると考えるだろう。実は，現実の馬券の購入行動は反対なのだ。詳細に購買記録を分析してみると，競馬をやる者の好みは，本命馬券ではなく，大穴馬券だということがわかる。下馬評の高い本命馬券を買えば，当たる確率は高いものの払戻金は小さい。勝つ確率の低い馬に賭けた場合は，勝ったときの払戻金は大きい。人々はこのような「大穴馬券」や「万馬券」とよばれる馬券を好むのである。

競馬というゲームの特徴は，払戻金が馬券の人気に左右される点にある。人気のない馬券になればなるほど，その馬券が当たったときの払戻金は大きくなる。つまり，皆が大穴馬券を好むがゆえに，勝つ確率が低そうな馬券ほど過大評価され，勝つ確率が高そうな馬券ほど過小評価されるのだ。合理的に考えれば，馬券の価値 (当たる確率 $\times$ 払戻金) は本命馬券でも大穴馬券でも同じであるべきだが，圧倒的に大穴馬券が過大評価される。こうしたゆがみが極端にあらわれるレースのみに着眼し，割安となった本命馬券だけを対象に継続的に投資し，主催者 (JRA) の手数料控除後にも利益を出す投資家が存在することが知られている。人間行動の非合理性を利用した予測可能性といえるだろう。

株式市場への参加者は，馬券を買い求める集団とは本質的に異なる。機関投資家やヘッジファンド等投資のプロが世界中から参加し，最先端の計算機とデータを駆使し，少しでもいい投資をしようとしのぎを削っている世界である。娯楽で集まっている人々の購買行動が反映される馬券市場のようにナイーブな価格のゆがみ (ミスプライス) は存在しない。一方で，おおくのプロ投資家も人間であり，人間の意思決定は完全に合理的とはいえないだろう。投資家心理が一定程度市場に影響を与えており，その傾向には何らかの規則性が存在するため，株式市場もある規則性をもってゆがみを生じさせている可能性は否定できない。ファイナンス研究者は，合理的投資家を想定して導いた理論モデルでは説明できない現象を「アノマリー」とよんでいる。アノマリーについては 3 章で詳述するが，こうしたアノマリーの存在が金融市場の合理性に疑問を投げかけており，株価の予測可能性を生む。これこそがファイナンスデータ解析をする醍醐味なのである。

ファイナンスにおけるデータ分析を，単純に株価データを解析し，未来を予測しようという営みだと軽く考えて挑戦してもなかなかいい結果は望めないかもしれない。人間にとって命の次に大切だと評される「お金」のやりとりをする金融市場において，簡単に未来を知る方法 (金儲けをする方法) があるはずはない。一方で，生々しい「命」を取引する場であるからこそ，人間は冷静に理論通りには行動できないという側面もある。人間が形成する市場であるからこそ生じるゆがみを検知し，そこで得られた知見を投資に活かそうというこころみは大いに知的好奇心を刺激するではないか。市場は効率的だと考える学者でも，「確かに市場は非常に競争的でうまく機能しているが，勤勉で知的で創造的な投資家にはおおくの報酬をもたらしてくれるだろう」と述べている。読者の中から，そのような投資家が出てくることを期待している。

1.5 本書を使ってファイナンスを学ぶ

本書は，読者がプログラミングしながらファイナンスを学ぶという流れを基に構成している。この点は，一般的なファイナンスの教科書と異なる。体系化された理論を順序だてて学習するという過程を経ずに，データ解析を中心に構成している。主に 5 章であつかうが，読者は，ベータ (β)，簿価時価比率，時価総額などの値を計算できるようになってから，ファイナンス理論体系におけるそれぞれの意味合いを考えることが求められる。計算ができるようになった後に理論的意味合いを考えるという逆の順序だ。

初学者にとってファイナンス理論はとっつきにくいところがある。たとえば，一般に「リスク」というと，悪い結果ばかりを思い浮かべるかもしれないが，ファイナンス理論ではリスクを標準偏差で表現することがおおい。つまり，期待値よりもよい結果が出る可能性があることもリスクととらえるのだ。標準偏差をリスクととらえることが理論構築のうえで都合がよいからであるが，慣れが必要かもしれない。専門用語が難しいという声もよく聞く。同じ意味でも文脈によって別の用語で言い換えたりすることもしばしばだ。たとえば，リスクは標準偏差以外にも「ボラティリティ」と表現をされることもある。また，投資家の期待リターンは，株式評価においては「割引率」という言葉であらわされることもあるし，企業側の視点で話すときは「資本コスト」とよぶこともある。文脈によって用語が変わるが，同じことを示しているものなので，しっかり整理しておいてほしい。さらに，金融実務未経験者の場合，ショート (空売り) の概念がつかみにくいだろう。株式をもっていないのに売ることができるというのもそうだが，ショートと同時に，同額別の株式をロングすれば，ネットで資金の出入りがないといわれても，すぐにイメージできる人はおおくはないだろう。これに加えて，ポートフォリオ，簿価，時価，…と，もうやめてくれ！　と言いたくなるかもしれない。まずは，データをさわりながら，繰り返し出てくるこれらの用語に馴染んでいこう。そのうちに全体像がみえてくるはずだ。理論については，データから用語の理解ができてからしっかり学習すればよい。理論を理解する前に，リターン，期待リターン，リスク，相関係数，共分散の計算の方法が理解でき，概念が整理されていれば，資本資産評価モデル (capital asset pricing model: CAPM) から始まる資産価格評価モデル群についても，正しく修得できるだろう。

ファイナンスは未来を現在において評価するための学問体系である。証券価格は，債券，株式とも未来のキャッシュフローの現在における推定値である。債券価格は，発行体の信用力や金利環境に応じて，約束されているクーポン (債券の金利のようなもの) と元本返済が，現在においてどの程度の価値があるのかを推定して価格が決定されている。株式価格は，当該企業が営むビジネスが将来生み出すキャッシュフローを推定して現在の価格が決まっている。債券や上場している株式だけでなく，あらゆるものの評価はファイナンス的思考が礎になっている。

いま，時代は大きく変わろうとしており，新しい市場を開拓しようと奮闘している若い，未上場のベンチャー企業に熱い視線が向けられている。中には，足下は赤字が続いているにもかかわらず，上場するときには 1,000 億円を超えて評価される，いわゆるユニコーンとよばれる企業も存在する。もしかしたら世界を変えるかもしれないが，不確実な未来の推定値がそのような莫大な価値をほんとうにもつのだろうか。この判断は非常に難しい。こうした未来をより正確に推定するためには，もっとおおくの情報が必要である。これまでは，証券アナリストやエコノミストとよばれる専門家たちだけが情報源であった。彼らは，決算情報をいち早く閲覧し，事業の競争環境を分析し，企業経営者を訪問することによって情報を仕入れ，発信してきた。こうした情報は今後も重要であり続けるが，これからはオルタナティブな情報源が格段に増加する時代である。価格や出来高などの市場データ，財務データだけに限らず，ニュースデータ，POS データ，有価証券報告書のテキストデータ，物流のリアルタイムデータ，衛星データ等々あらゆるオルタナティブデータが，未来のキャッシュフローの現在推定値を得るために活用される時代がきたのである。これからのファイナンス分析には，そういった新しいデータをあつかえるようになることが必須であり，従来のファイナンスと統合するための新しい方法論の出現が待ち望まれているのである。

読者は本書を皮切りとして，情報技術とファイナンスの融合領域に足を踏み入れていくことであろう。この融合領域は現在，実務的にもアカデミックな意味でももっとも発展が期待されている領域である。

Chapter 2
チュートリアル：株価を分析してみよう

本章では，Python を使ってファイナンスにおける株価データのあつかいの基礎を身につけてもらう。まずは，株価には修正が必要だということを理解し，次に，実務家の間で支持されている一般的なテクニカル指標の作成方法を紹介する。そして株式のリターン (収益率) の計算，期待リターンと標準偏差の算出，ポートフォリオの組成と分散投資におけるリスクの軽減方法についても習得してもらう。

2.1　株式市場と４本値データ

2.1.1　株 価 の 修 正

基本的にファイナンス関連の分析にはリターンをもちいる。その理由は，株価そのものにはあまり意味がないからである。株価とは，株主資本が市場で評価される１株当たりの時価である。１章で述べたように，将来期待キャッシュフローと事業リスクの兼ね合いで株主資本の時価評価額が決まっており，それを発行済み株式数で割ったものである。株券をおおく発行している企業の株価は低く，発行済み株式数の少ない企業の株価は高い。企業価値は，その企業が営んでいる事業全体の時価評価額だが，株価だけをみてその大小は判断できないのだ。また，企業は，自社の市場価格が高くなると，個人投資家でも買いやすいように株式分割をおこない，発行済み株式数を増やす場合がある。株式分割が発生すると，株価は大きく下落するが，それは企業の価値が下落したことを意味しないので注意が必要だ。配当についても同様である。配当落ちは株価が下落するが，それは企業価値が下落したことではないので調整して考える必要がある。ファイナンスの分析では，株式分割や配当，資本異動などを調整した修正済み株価データを用意したうえで，株式のリターン (収益率) を計算する [*1]。

2.1.2 株価の決まり方

株式をもつことは企業の生み出す将来の利益に対して請求することができる権利をもつことである。企業は毎年決算期になると，これまでの売上額，投資額，利益水準等々の会計情報を開示する。上場企業の場合，こうした報告は決算短信や有価証券報告書という書類にまとめられ公開されているため，投資家はそれらの情報を参考に企業価値を推定する。企業が開示する情報には，貸借対照表，つまり，創業からこれまでの歩みの結果として蓄積された資産・負債・株主資本などが記録されている。また損益計算書には，1 年間の活動の結果として，収益，費用などが記載されている。

では，企業の会計情報を詳しく分析すれば，株価の評価はできるだろうか。実は有価証券報告書等に記載されている会計情報はすべて過去の実績だという点に注意しなければならない。株式を保有するということは，その企業の将来キャッシュフローへの請求権をもつということであるから，過去の利益については無関係である。保有するために必要な投資額 (株価) がいくらであるべきかを計算するためには，将来の利益情報を取得する必要がある。やっかいなことに，将来の利益情報は不確実だ。得られる情報を総動員しても，大きく見込みが外れてしまうこともありうる。したがって，投資家は時々刻々と入手された情報から事業リスクを推定し，将来の利益を推定し，株価を評価する。株式市場が常に変化するのはそのためである。

日本の場合，株式市場には企業規模に応じて複数の取引所が存在する。東京証券取引所第一部，東京証券取引所第二部，マザーズ，JASDAQ が主なものであり，日本取引所グループ (JPX) が運営している。これらの市場で株式が取引されている企業のことを上場企業とよぶ。現在，時間延長が検討されているが 9 時から 15 時まで取引が行われている。株価はオークション形式で決定され，昔は，売り希望価格と買い希望価格を板に記載する形で表示していた。そのため，現在でも売り買いの情報は板情報とよばれている。

図 2.1 に示したのは，ある株式の板情報である。売り気配株数 (買い気配株

[*1] 本書では「リターン」と「収益率」を同じ意味で使用する。

数) は，この株式についての希望売却価格 (希望購入価格) と株数を示している。現在 4,450 円という価格がついているが，これは 4,450 円で最後に取引されたという意味である。他の投資家が 4,445 円で 1 株でも売れば，価格は 4,445 円に下落する。あるいは，この会社はもっと価値があるべきだと考えた投資家が，成行注文で 30,000 株購入したいと考えたとき，価格は 4,460 円まで上昇する (その投資家は 4,450 円で 1 万 1,700 株購入し，4,455 円で 1 万 5,300 株購入し，残りの 3,000 株は 4,460 円で購入することになる)。このように，時々刻々と入ってくる情報にもとづいて，市場参加者は株式板情報に希望売却価格と，希望購入価格を常時上書きしているのである。そして，売りと買いが合意された価格が現在の株価なのである。

売り気配株数	気配値	買い気配株数
売り板	成行	
96,400	Over	
8,900	4,475	
1,600	4,470	
800	4,465	
5,800	4,460	
15,300	4,455	
11,700	**4,450**	買い板
	4,445	400
	4,440	5,200
	4,435	7,500
	4,430	19,100
	4,425	8,200
	4,420	53,000
	4,415	118,300

図 2.1 板情報のイメージ：売買希望価格 (気配値) と売買気配の株数

こうした変化を，取引発生タイミングごとに全記録したものがティックデータとよばれるものである。そのほかにも，分単位，時間単位，日次，週次，月次という具合にさまざまな粒度のデータが存在する。一般的によく使われるのは日次データであり，始値 (市場が開いたときの価格)，高値 (その日の最高値)，安値 (その日の最安値)，終値 (市場が閉じたときの価格) の 4 本値データをあつかうことがおおい。本書では主として日次データと月次データをあつかっている。

2.1.3 株価データの確認

それでは，実際に4本値データをPythonでみてみよう。これ以降読み進める前に，`https://www.asakura.co.jp/books/isbn/978-4-254-12914-4/1`から，株価データ(`stockDaily.csv`, `stockMonthly.csv`)をダウンロードしていただきたい。以下ではJupyter NotebookもしくはJupyterLabが利用できる環境を想定してPythonプログラムの解説をおこなっていく[*2)]。Jupyterの初期画面から，`data`フォルダに移動すると，表2.1に示される4つのCSVデータファイルが表示される。それぞれのファイル名をクリックし，内容を確認してもらいたい。株価データ(`stockDaily.csv`, `stockMonthly.csv`)は，本書でのサンプルプログラムの解析結果が「それらしくなる」ように著者らがランダムに

表2.1　本書でもちいるデータファイル一覧

ファイル名	内容
`stockDaily.csv`	銘柄ごとの株価4本値の日次データ(4本値以外の項目も含む)
`stockMonthly.csv`	銘柄ごとの株価4本値の月次データ(4本値以外の項目も含む)
`dividendData.csv`	最新予想1株当たり配当データ(詳細は4章で解説)
`ffDaily.csv`	Fama-French 3ファクター・モデルの日次データ(詳細は5章で解説)
`ffMonthly.csv`	Fama-French 3ファクター・モデルの月次データ(詳細は5章で解説)

表2.2　株価データの項目の内容

項目名	内容	備考
`ticker`	銘柄名	最初の1文字目は業種分類(`industry`)をあらわす
`date`	日付	日次データの場合はYYYY-MM-DD (`date`)で，月次データの場合はYYYY-MM (`month`)で収録
`open`	始値	
`high`	高値	
`low`	安値	
`close`	終値	
`volume`	出来高	
`share`	発行済み株式数	終値 × 発行済み株式数で時価総額(ME)が計算可能
`return`	修正済み株価にもとづくリターン	単位は%
`industry`	業種分類	A〜Zまでの26分類
`qme`	サイズの5分類	銘柄の時価総額サイズ(ME)の分類で`ME1`〜`ME5`の5分類(`ME1`がもっともサイズが小さい)
`qbeme`	簿価時価比率の5分類	銘柄の簿価時価比率(BE/ME)の分類で`BM1`〜`BM5`の5分類(`BM1`がもっとも簿価時価比率が低い)

*2)　サンプルプログラムのJupyterでの利用については，まえがきに示した本書のサポートサイトを参照のこと。

生成したデータである。データ期間は 1991 年 1 月 4 日から 2014 年 12 月 30 日で延べ 3,032 銘柄の疑似的な株価データが収録されている。`stockDaily.csv` は約 830 MB のデータのため，表示されるまでに時間を要することに注意してもらいたい。それぞれのファイルの項目 (列) の意味については表 2.2 に示しているとおりである。

2.1.4　DataFrame, Series, Index

本書では，表構造データの処理に pandas ライブラリをもちいている [*3]。

pandas では，主に DataFrame，Series，Index の 3 つのデータ構造をもちいる。**DataFrame** とは図 2.2 の左上 2 つに示されるような，行と列から構成される 2 次元配列のデータ型である。通常，列ごとに型 (実数や文字列，日付など) を定めたデータの集まりとして構成される [*4]。そして，**Series** とは，図の左下に示されるような 1 次元配列のデータ型で，DataFrame の 1 つの列 (もしくは行) を取り出したものと考えればわかりやすいだろう。最後に **Index** とは，DataFrame の行と列，そして Series の各値についたラベルのことである。行のラベルは行ラベルとよび，その実体は DataFrame(もしくは Series) の `index` 属性としてセットされている。一方，列のラベルは列ラベルとよび，実体は `columns` 属性としてセットされている [*5]。行ラベルには，特に何も指定しなければ図左上のように 0 から始まる整数が設定されるが，日付や文字列も行ラベルとして設定することができる (図左中)。ファイナンス分野では株価のように時系列データをもちいた分析がおおいため，日付を行ラベルとしてもちいることがおおい。また列ラベルは，`date` や `ticker` のように意味ある値のまとまりに対する名前を文字列として与えることがおおい。

DataFrame と Series を `print()` 関数で表示させたときの様式が図の右にそれぞれ示されている。本書ではコード内で DataFrame と Series の内容をこの

---

*3) pandas ライブラリについての利用方法については，本書のサポートサイト，およびシリーズ第 2 巻『データの前処理』を参照されたい。

*4) 各列の型の種類については，DataFrame `df` について `df.info()` を実行すれば確認できる。

*5) 行ラベルと列ラベルは，いずれも Index 型データとして管理されているが，行ラベルは `index`，列ラベルは `columns` を属性名としているために，“index” という名称が混同して利用されてしまうので注意されたい。また，そのような理由で行ラベルを単に「インデックス」とよぶことがおおい。

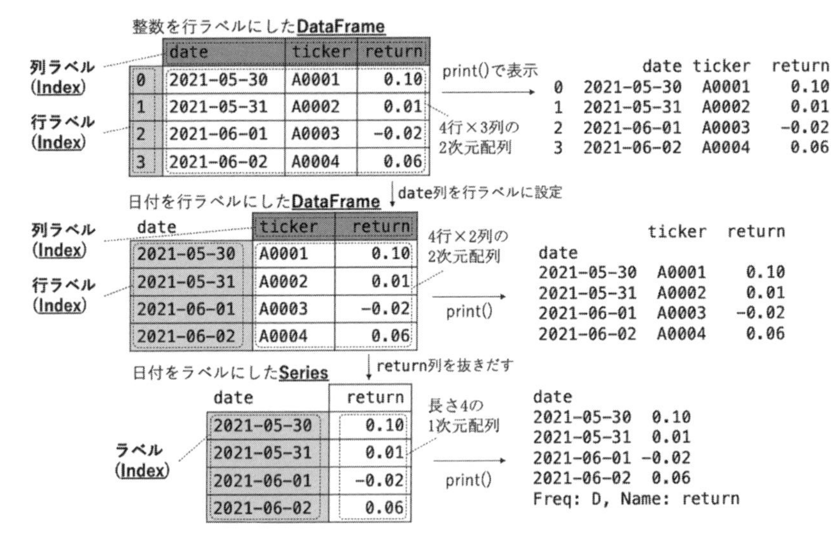

図 2.2　pandas が提供する 3 つのデータ型である DataFrame(2 次元表)，Series(1 次元配列)，Index(ラベル) の概念図

様式で表示している。

Index を使う利点の 1 つは，処理速度にあり，その特性を利用したメソッドが多数用意されている。たとえば，グループ単位の処理 `groupby()` や複数の表の結合処理 `join()`，`merge()` などである。また，軸の回転に関するいくつかの処理 `pivot()`，`crosstab()`，`stack()`，`unstack()` などは，新たな軸をラベルとして設定する。よって，pandas を利用すると，程度の差はあれども Index を意識したプログラミングが求められる。

2.1.5　4 本値データの読み込み

それでは，日次の 4 本値データである `stockDaily.csv` を DataFrame として読み込むことから始めよう。コード 2.1 にそのプログラム [*6)] を示している。CSV データの読み込みは 10 行目に示した `read_csv()` メソッドで行われ，DataFrame として変数 `stockDaily` にセットされている。このとき，`parse_dates=['date']` を指定すると CSV の `date` 項目を日付と認識させることができる。株価の分析では時系列データをもちいることがおおく，日付を

*6)　Python のようなインタプリタ型の言語で記述したプログラムはスクリプトともよばれる。

どのように処理するかは重要なポイントとなるため，以下では日付の型について詳細に解説しておく。

コード 2.1　日次 4 本値 CSV データの読み込みと表示

```
1  # 本節で必要となるライブラリの読み込み
2  import os
3  import pandas as pd  # pandas ライブラリの読み込み
4  import mplfinance as mpf
5
6  # 出力フォルダの作成 (既に存在してもエラーとしない)
7  os.makedirs('./output', exist_ok=True)
8
9  # CSV ファイルを読み込み DataFrame を構成し,stockDaily 変数にセット
10 stockDaily = pd.read_csv('./data/stockDaily.csv', parse_dates=['date
       '])
11 stockDaily['date'] = stockDaily['date'].dt.to_period('D')
12 print(len(stockDaily))  ## 行数: 12006004
13 print(stockDaily.head(10))  # 先頭 10行を抜き出し表示する
```

parse_dates=によって変換される日付の型は pandas で標準的に使われる DateTime64 とよばれる型で，NumPy でもちいられているものを拡張したものである。これは，ある時点の完全な日付時刻をあらわす目的でもちいられる。しかし，株価をもちいた分析では，時刻情報を含まない日間隔の時系列データや，週／月／年といった間隔の時系列データをあつかうことがおおい。1 分間隔や 10 分間隔の時系列データをあつかうこともある。そのような，ある一定の時間間隔 (time spans) を表現するためにもちいられる型として Period 型が用意されている。

DateTime64 型をもちいて分析を進めていくことも可能ではあるが，Period 型を使った方がより自然にコードを記述できることがおおい。たとえば，日付 d = 2021-05-30 の 2 日後を求めるためには，それが DateTime64 型であれば，単純に d + 2 とは計算できず，その 2 がどういう単位かを明示しなければならない (たとえば，d+pd.offsets.Day(2))。一方で Period 型で日次の時間間隔と定義しておけば，d + 2 で 2 日後を求めることが可能となる。このような理由で，本書では，日付時刻の型としては一貫して Period 型をもちいている。

コード 2.1 に戻ると，11 行目の stockDaily['date'].dt.to_period('D') にて，DateTime64 型の Series である stockDaily['date'] を日間隔 ('D') の

Period 型に変換している [*7]。そして読み込まれた DataFrame に len 関数をもちいることで，その行数を得ることができ，このデータは，12,006,004 行からなるデータであることがわかる。そして最後に，head(10) メソッドをもちいて先頭 10 行を選択し表示しており，その内容は，図 2.3 に示すとおりである。

	ticker	date	open	high	low	close	volume	share	return	industry	qme	qbeme
0	A0001	1991-01-04	1411	1498	1411	1457	1127	19856748	-0.884354	A	ME1	BM5
1	A0001	1991-01-07	1456	1456	1456	1456	1863	19856748	-0.068634	A	ME1	BM5
2	A0001	1991-01-08	1424	1441	1424	1441	8084	19856748	-1.030220	A	ME1	BM5
3	A0001	1991-01-09	1437	1437	1437	1437	7542	19856748	-0.277585	A	ME1	BM5
4	A0001	1991-01-10	1401	1451	1384	1424	986	19856748	-0.904663	A	ME1	BM5
5	A0001	1991-01-11	1420	1444	1366	1389	12547	19856748	-2.457865	A	ME1	BM5
6	A0001	1991-01-14	1474	1474	1474	1474	11266	19856748	6.119511	A	ME1	BM5
7	A0001	1991-01-16	1472	1514	1465	1472	2692	19856748	-0.135685	A	ME1	BM5
8	A0001	1991-01-17	1465	1524	1452	1472	0	19856748	0.000000	A	ME1	BM5
9	A0001	1991-01-18	1469	1469	1469	1469	0	19856748	-0.203804	A	ME1	BM5

図 2.3 日次の 4 本値データ stockDaily.csv を DataFrame に格納して先頭 10 行を表示

また，このプログラムには，本書で一貫して利用しているいくつかのルールが含まれており，以下に示しておく。

import 文 コードの先頭には import 文で，章もしくは節で共通して利用するライブラリをまとめて読み込んでいる (2〜4 行目)

入力ファイル 本書が用意した CSV ファイル (表 2.1) は data フォルダの下に配置している (10 行目)。また，これらのデータを格納する変数には，一貫して対応する同じ変数名 stockDaily，stockMonthly，ffDaily，ffMonthly をもちいている。

出力ファイル コードによっては，CSV ファイルや画像 PNG ファイルを出力する。それらは共通して output フォルダに出力するようにしている。そのため，コードの先頭で makedirs() メソッドによって output フォルダを作成している (7 行目)。

print 関数 データ内容の表示には print() 関数をもちいている。Jupyter

[*7] 日は D，週は W，月は M，四半期は Q，年は Y，1 時間は H などがある。

では，セルの最後に単一の変数名を指定したり，display() メソッドを使うことで，データの内容を HTML できれいに出力できるが，本書では Jupyter ではない環境でも実行できるように print() をもちいている (12, 13 行目)。ただし，本書内で掲載している図には HTML で出力したものをもちいている。

2.1.6 特定銘柄の特定期間のデータを選択する

次に，2.1.5 項でセットしたデータ stockDaily から，2014 年 1 月 1 日以降の銘柄 A0001 の 4 本値と出来高 (株の取引量) を取得してみる。DataFrame からの行と列の選択はおおくの分析で共通した重要な処理であるため，以下で少し詳細に解説していく。DataFrame の行と列の選択には，[]，loc[]，iloc[] の 3 種の演算子が用意されており，それらの演算子には明確なルールの違いがある。以下では，その一部を紹介する (コード 2.2〜2.5)。いずれも同様の結果が得られる。

コード 2.2 の 2 行目のように，DataFrame の [] 演算子にラベルのリストを与えると列の選択となる。[] 演算子は，内部的には，__get_item__() メソッドがよび出される。[[]] のように，括弧が二重になっていると考えるのではなく，外側の括弧で__get_item__() が呼び出され，そのメソッドに内側の括弧である文字列リストを与えていると考えるとわかりやすいであろう。

一方で，10, 11 行目の日付と ticker による選択のように，条件式 (より正確には比較演算の結果としての True/False の Series) を与えれば，行選択となる。[] が多用されていてわかりにくいかもしれないが，式を分解して考えるとわかりやすい。df['date'] で date 列だけ抜き出され Series となり，それに対する比較演算>=により，bool(True/Flase) の Series が得られる。そして，外側の df[] に bool の Series を与えることで，True に対応する行が選択される。なお，日付の比較対象として文字列'2010-01-01'を与えているが，Period 型との比較なので，内部で自動的に Period 型に変換 (cast) される。

コード 2.2 2010 年 1 月 1 日以降の銘柄 A0001 の 4 本値 + 出来高を選択するコード

```
1  # DataFrame に[]で文字列リストを与えると,指定されたすべての列名を選択する。
2  df = stockDaily[['ticker', 'date', 'open', 'high', 'low', 'close', '
       volume']]
3  print(df)
```

```
4  ##          ticker       date  open  high   low  close  volume
5  ## 0         A0001 1991-01-04  1411  1498  1411   1457    1127
6  ## 1         A0001 1991-01-07  1456  1456  1456   1456    1863
7
8  # 日付とtickerの比較演算により各行についてのTrue/FalseのSeriesを計算し，
9  # それをDataFrameに[]で与えることによって行を選択している。
10 df = df[df['date'] >= '2010-01-01']
11 df = df[df['ticker'] == 'A0001']
12 print(df)
13 ##       ticker        date  open  high   low  close  volume
14 ## 4676  A0001  2010-01-04  1613  1625  1609   1625   76405
15 ## 4677  A0001  2010-01-05  1592  1645  1580   1640  171606
```

また，10, 11 行目の行選択の条件は，Series の論理積演算子である & をもちいてまとめて書くこともできる (コード 2.3 の 4 行目)。論理積は，Python では and 演算子がもちいられるが，Series では & がもちいられることに注意する。

コード 2.3　コード 2.2 の 2 つの行選択処理を&演算子で記述したもの

```
1 # 上の2つの条件は1行で書くことも可能 (条件は括弧で囲わなければエラーとなる
      ことに注意する)
2 df = stockDaily[['ticker', 'date', 'open', 'high', 'low', 'close', '
      volume']]
3 # 2つのbool Seriesを&演算子でAND演算している。
4 df = df[(df['date'] >= '2010-01-01') & (df['ticker'] == 'A0001')]
5 print(df)
```

そして，コード 2.4 は，行ラベルによって選択する方法を示している。2 行目で date 列を行ラベルとして設定し，sort_index() メソッドで行ラベルを並べ替えている。ラベルの選択ではスライサ (slicer) とよばれるラベルの値や値の範囲を指定する方法で行や列を選択できる。範囲で指定するときは，ラベルが並び替わっていなければ想定通りの選択ができなくなるので注意されたい。スライサは，[from:to] の書式で指定することができる。from と to にはラベルを指定し，from 以上，to 以下の範囲を選択する。ただし，整数ラベルの場合は例外で，範囲の条件は from 以上，to 未満となる。from の最初の位置から to の最後の位置までが選択の範囲となる。

コード 2.4　日付のみ行ラベルで選択する

```
1 # 行ラベルによる選択
2 df = stockDaily[['ticker', 'date', 'open', 'high', 'low', 'close', '
      volume']]
3 df = df.set_index('date').sort_index()
```

```
4  df = df['2010-01-01':]
5  df = df[df['ticker'] == 'A0001']
6  print(df)
```

ここまでにみてきたように，DataFrame の [] 演算子は，行の選択と列の選択を，指定する値の型によって切り替える方式をとっている。たとえば，ラベルのリストを与えれば列選択になり，bool リスト (bool Series) を与えれば行選択になる。これは直感的にデータを選択する方法として有効であるが，より統一的な方法で選択したければ loc[] 演算子をもちいればよい。その方法をコード 2.5 に示している。

loc[] 演算子は [行条件，列条件] のように，行と列の条件を指定する場所が定まっており，それぞれの条件について，ラベルリストや bool リスト，スライサを指定できる。コード 2.5 では，行条件として bool Series を，列条件としてラベルリストを与えている。

コード 2.5 loc[] による選択

```
1  # loc[]による選択
2  df = stockDaily.loc[
3      (stockDaily['date'] >= '2010-01-01') & (stockDaily['ticker'] == '
       A0001'),
4      ['ticker', 'date', 'open', 'high', 'low', 'close', 'volume']]
5  print(df)
```

2.1.7 ローソク足チャートの描画

2.1.6 項で選択したデータを視覚化してみよう。株価推移を視覚化する代表的なものは，図 2.4 に示されるようなローソク足チャートであろう。このチャートには，データとして始値，高値，安値，終値 (open, high, low, close: OHLC)，および出来高の 5 つの情報が含まれている。さらに，ボックスの色で上昇と下落をあらわし，「始値<終値」であれば白 (上昇) に，逆に「始値>終値」であれば黒 (下落) で示される。白ボックスの場合は下限が始値で上限が終値となり，黒ボックスの場合は逆に下限が終値で上限が始値となる。そしてボックスから上下の方向に出ているひげの終端が安値と高値をあらわしている。

Python におけるチャートの描画には，Matplotlib ライブラリがもちいられることがおおい。Matplotlib をより容易かつ多機能にラッピングした派生のライブラリが多数開発されている。pandas もそのような視覚化の機能 (plot()

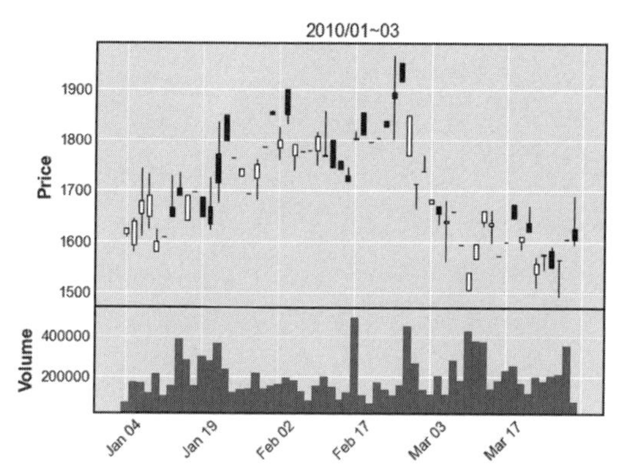

図 2.4　ローソク足チャートと出来高のチャートを縦に並べたチャート

メソッド) を備えているが，ローソク足チャートを簡単に描画できる機能はない。そこで mplfinance ライブラリをもちいることにする。これは，ローソク足チャートを描画することに特化して開発されたライブラリである。

mplfinance は，2 つの描画モードをもっており，1 つはパネル法で，横軸の日付を共通とした異なるチャートを 10 個まで縦に複数個並べることができる方式である。図 2.4 はパネル法によって描画したもので，OHLC のチャートと出来高のチャートの 2 つを縦に並べたものである。コード 2.6 に，図 2.4 のチャートを描画するスクリプトを示している。mplfinance では横軸の日付は DataFrame の行ラベルとしてもつ必要があり，DataFrame の `index` を設定している (4 行目)。ただし，日付の型は `DateTime64` でなければならず，`dt.to_timestamp()` によって `Period` 型を変換している。チャートは 9 行目の `plot()` メソッドで描画される。`volume=True` とすることで，出来高の推移がローソク足の下に棒チャートで描画される (図 2.4)。`plot()` には多様な視覚化オプションが指定でき，その一部をサンプルプログラムに掲載しているので確認してもらいたい。

コード 2.6　ローソク足チャートの描画

```
1  df = stockDaily[stockDaily['ticker'] == 'A0001']
2  # date 列は Period 型なので，DateTime64 型に変換して行ラベルに指定
3  # これはmpf.plot()がPeriod 型に対応していないからである。
4  df.index = df['date'].dt.to_timestamp()
5  df = df.sort_index()
6
7  candle = df.loc['2010-01-01': '2010-03-31',
8                  ['open', 'high', 'low', 'close', 'volume']]
```

```
9   mpf.plot(candle, type='candle', volume=True)
10
11  # savefig=を指定するとpng で保存できる
12  mpf.plot(candle, type='candle', volume=True, mav=[5, 10],
13           savefig='./output/candle.png')
14
15  # 列名がデフォルト (open や Open など)でない場合はcolumns で指定する。
16  candle.columns = ['o', 'h', 'l', 'c', 'v']
17  mpf.plot(candle, type='candle', volume=True,
18           axtitle='2010/01~03', columns=['o', 'h', 'l', 'c', 'v'])
19
20  # mav を指定すれば移動平均線を描画できる。
21  # style を変更することも可能(classic,mike,default など)。
22  mpf.plot(candle, type='candle', volume=True,
23           mav=[5, 10], style='mike', columns=['o', 'h', 'l', 'c', 'v
        '])
24  # type の一覧を確認する。
25  print(mpf.available_styles())
```

パネル法以外の描画モードとして外部軸法がある。これは，異なる複数のチャートを自由に 1 枚の figure に並べる (subplot) 方法である。横軸の異なるチャートや多数のチャートを描画するのに向いている。そのような一例をコード 2.7 に，描画されるチャートを図 2.5 に示している。

コード 2.7 複数のローソク足チャートの描画

```
1   candle = df[['open', 'high', 'low', 'close', 'volume']]
2   candle1 = candle.loc['2010-01-01':'2010-03-31']
3   candle2 = candle.loc['2010-04-01':'2010-06-30']
4   candle3 = candle.loc['2010-07-01':'2010-09-30']
5   candle4 = candle.loc['2010-10-01':'2010-12-31']
6
7   fig = mpf.figure(figsize=(16, 12), style='classic')
8   ax1 = fig.add_subplot(2, 2, 1)
9   ax2 = fig.add_subplot(2, 2, 2)
10  ax3 = fig.add_subplot(2, 2, 3)
11  ax4 = fig.add_subplot(3, 3, 9)
12  mpf.plot(candle1, type='candle', ax=ax1, axtitle='2010/01~03')
13  mpf.plot(candle2, type='candle', ax=ax2, axtitle='2010/04~06')
14  mpf.plot(candle3, type='candle', ax=ax3, axtitle='2010/07~09')
15  mpf.plot(candle4, type='candle', ax=ax4, axtitle='2010/10~12')
16  fig.savefig('./output/multi_candle.png')
```

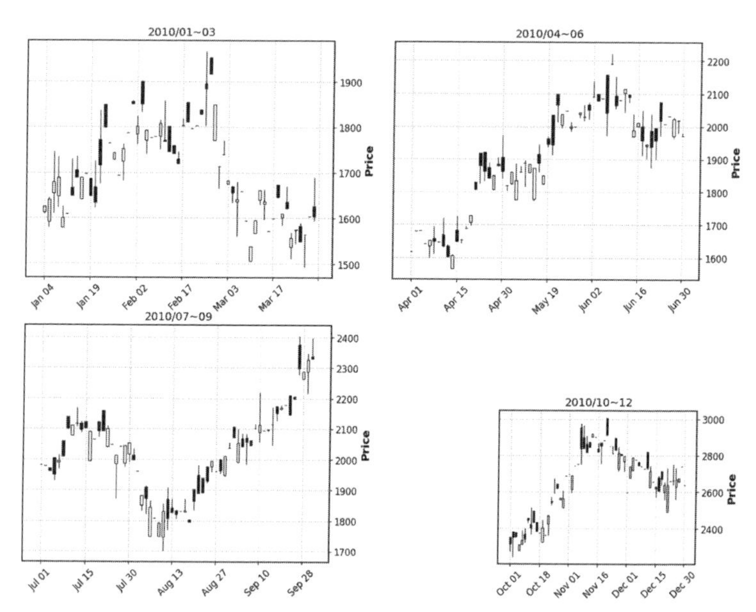

図 2.5　外部軸モードで複数の異なる時間軸のチャートを描画する。右下は，異なる分割数 (3 × 3) の 1 セルとして描画しているので他の 3 つ (2×2 の分割) より小さく描画されている。

1〜5 行目で異なる期間の 4 つのデータを作成している。`mpf.figure()` で 16 × 12 インチ [*8)] のキャンバスを作成し，描画スタイルに `classic` を指定している [*9)]。このように作成されたキャンバスに複数のチャートを配置する領域を `add_subplot()` で作成していく (8〜11 行目)。パラメータの 3 つの数字は，左 2 つが行と列の分割サイズで，たとえば `(2,2)` であれば，キャンバスを 2 × 2 に分割することを意味し，そして，最後の数字が，その分割における何番目の領域であるかを指定している。領域の順序は左から右へ，そして上から下へと順番に数えていく (左上が 1)。たとえば，`(2,2,3)` は 2 × 2 分割における左下の領域で，`(2,2,2)` は右上となる。これらの 3 つの数字は領域ごとに異なる分割であってもよい。たとえば，11 行目のみ `(3,3,9)` となっているが，これは，このチャートが 3 × 3 の最後 (右下) に描画される。この領域だけ 9 分割となるため，描画されるチャートもほか 3 つより小さく描画される。

[*8)] dpi(dot per inch)=100 がデフォルトで，1600 × 1200 ドットのキャンバスに相当する。

[*9)] `classic` 以外に，`mike`，`yahoo` などがあり `mpf.available_styles()` を実行すれば一覧を確認できる。

そして，最後に，`mpf.plot()` により，先に定義した領域にデータを割り付けてチャート化していく (12〜15 行目)。描画されたチャートは `savefig()` メソッドによって PNG 形式の画像に保存している (16 行目)。

2.2 テクニカル分析

株式市場の分析に，過去の株価データだけをもちいる手法のことを総称して「テクニカル分析」とよぶ。チャートという罫線を中心としたテクニカル分析は，古くは堂島の米相場時代から盛んにおこなわれており，江戸時代に日本で考案されたローソク足と名付けられた罫線の表記方法は，世界中の投資家やアナリストの間で根付いている手法である。

ただ，継続的に正しい予測ができるテクニカル分析手法を発見するのは容易ではない。読者はそのことを念頭においたうえで読み進めていただければと思う。

以下の節では，代表的なテクニカル分析手法である，ゴールデンクロス，デッドクロスと相対力指数について解説する。

2.2.1 ゴールデンクロスとデッドクロス

ゴールデンクロスとデッドクロスは，2 つの単純移動平均の値を比較するものだ。まず，株価の日次時系列データを用意する。次に，2 つの任意の期間 (短期と中長期) の単純移動平均を算出する。日次 t における過去 n 日の単純移動平均 (simple moving average: SMA) の株価は以下で求められる。

$$\underbrace{SMA_t(P,n)}_{\text{日次 } t \text{ における過去 } n \text{ 日の単純移動平均株価}} = \frac{1}{n}\sum_{j=0}^{n-1} \underbrace{P_{t-j}}_{\text{日次 } t-j \text{ の株価}} \tag{2.1}$$

ゴールデンクロスは短期の移動平均線が中長期の移動平均線を下から上につきぬける状況を指し，強気のシグナルと考えられている。一方，デッドクロスとは，短期の移動平均線が中長期の移動平均線を上から下につきぬける状況を指す。

株式市場が上昇局面にあるとき，移動平均線も上昇トレンドを描く。株価が大きく上昇し，移動平均線からの乖離が大きくなると，買われすぎと判断される。当然であるが，短期の移動平均線は株価の短期的動向に左右されやすく，長期の移動平均線は，長期的なトレンドを示すため，全体の相場感をもつためには長期の移動平均線が役立つ。たとえば，200日移動平均線よりも株価が上にあるときは，過去200日間毎日一定額を買い続けた投資家の平均購入コストよりも高いところに株価があるため，おおくの投資家が含み益状況にあり，売り圧力は高くないと想像できる。いわゆるブルマーケット (強気相場) である。

いくら強気相場であっても，短期的に株価が下落することはある。買われすぎから利益確定の動きが出やすいからである。このような値動きを示すのが，短期の移動平均線である。したがって，短期の移動平均線が長期の移動平均線を下から上に超えるタイミングは，株価の調整局面が終了し，再び上昇局面に入ったことを意味する。ゴールデンクロスとは，黄金の未来を示唆するという意味で名付けられた。

デッドクロスはゴールデンクロスの反対であると考えればよい。中長期の移動平均線を短期の移動平均線が上から下につきぬけるわけであるから，調整局面に入ることを示している。もちろん，これはあくまでも参考値であるから，株式市場がそのように動くとは限らないことはいうまでもない。

それでは，Python でゴールデンクロスおよびデッドクロスによる分析を行ってみよう。ここでは，銘柄 A0001 の 2012〜2013 年の 2 年間について，短期を 26 日 (営業日で約 1 ヶ月)，中長期を 52 日 (同 2 ヶ月) としたときの分析を取り上げる。

まずは，対象となるデータを選択しよう (コード 2.8)。ここでは，2.1 節で説明したいくつかの方法を組み合わせている。銘柄の選択では，[] 演算子に対する bool リストを与える方法をもちいており (11 行目)，日付の選択では，ラベルスライサによる方法をもちいている (15 行目)。列は選択していないので，表 2.2 の項目すべてを含んだままである。

コード 2.8　銘柄 A0001 の 2012〜2020 年のデータを選択する

```
1  import os
2  import pandas as pd
3  os.makedirs('./output', exist_ok=True)
4
5  # 日次株価データを読み込み
6  stockDaily = pd.read_csv('./data/stockDaily.csv', parse_dates=['date
       '])
7  stockDaily['date'] = stockDaily['date'].dt.to_period('D')
8  stockDaily = stockDaily.set_index('date').sort_index()
9
```

```
10 # 銘柄A0001のデータを選択する。
11 df = stockDaily[stockDaily['ticker'] == 'A0001']
12
13 # 日付を行ラベルに設定: plotしたときに横軸目盛りになる
14 # 日付をラベルスライサで選択
15 df = df.loc['2012-01-01': '2013-12-31']
16 print(df)
```

次に，終値の移動平均を計算していく。まずコード2.9にSeriesによる方法を紹介する。移動平均は，時間順に並んだ1次元データを，一定の時間幅をもった窓をずらしながら，その窓の値を平均する方法である。pandasでは，`rolling()`メソッドにより移動平均を容易に計算することができる。このメソッドは，移動窓を構成するための`Rolling`オブジェクトを返すだけで，このオブジェクトで利用可能な計算方法(平均や合計，最小など)をメソッド(`mean()`，`sum()`，`min()`など)として指定することで窓ごとの計算が実行される。コード2.9では，`df['close']`で終値のSeriesが生成され，窓幅を26日，52日とした移動平均が計算され，それらの結果(Series)が2つの変数`ma26`，`ma52`に格納されている。

そして，Seriesのメソッド`plot()`をよび出すことで折れ線チャートが描画される。この`plot()`は，2.1.7項で取り上げたmplfinanceと同様に，Matplotlibをバックで利用したpandasの視覚化メソッドである。2つのチャートを同一領域に描画するためには，最初に描画した`plot()`からの返り値を`ax=`で指定してやればよい(6,7行目)。`plot()`から返される値はMatplotlibで生成されるsubplotオブジェクト(`AxesSubplot`)で，そのオブジェクトで利用できるメソッドや属性(たとえば軸の範囲を設定する`xlim`など)は何でも指定可能である(詳細は本書のサポートサイトを参照されたい)。描画されるチャートは図2.6左に示すとおりである。描画されたチャートを保存するには，複数のsubplotを管理する上位のオブジェクトであるfigureオブジェクトの`savefig()`メソッドを実行すればよい[*10)]。

コード2.9 Seriesで移動平均を計算しチャートを描画する

```
1 # 26日移動平均，52日移動平均
```

*10) `plt.savefig()`のように，より簡潔に書くことができるが，そのときは`import matplotlib.pyplot as plt`として，matplotlibライブラリを事前に`import`しておかなければならない。以下では，matplotlibを`import`することなしに描画できるよう統一している。

```
2  ma26 = df['close'].rolling(26).mean()
3  ma52 = df['close'].rolling(52).mean()
4
5  # Series の plot()メソッドを複数実行すれば重ねて描画されていく
6  ax = ma26.plot()
7  ax = ma52.plot(ax=ax)
8
9  # 画像ファイル (png)として保存
10 ax.get_figure().savefig('./output/ma26_52.png')
11 import matplotlib.pyplot as plt
12 plt.savefig('xxa.png')
```

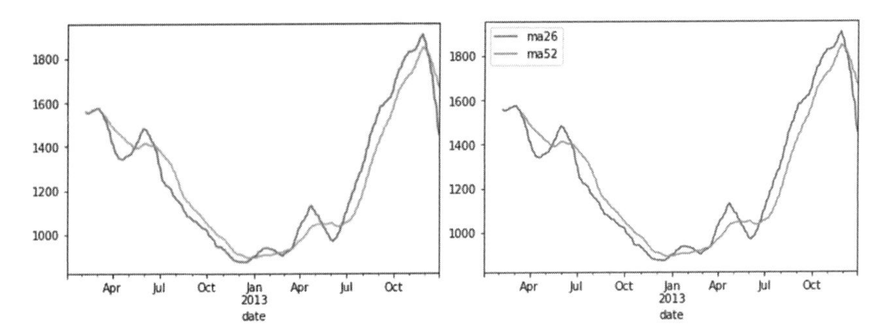

図 2.6 26 日移動平均線と 52 日移動平均線。左は Series.plot() を重ねる方法で，右は DataFrame を plot したもの。

以上の方法は簡単ではあるが，2 つの Series のデータが別々になっており，対応関係がデータとして確認できないため，ゴールデンクロスとデッドクロスの日がいつなのかを計算できない。また，チャートの凡例が表示されないという問題もある。そこで，ばらばらに計算された移動平均の結果を DataFrame でまとめた後にチャートを描画してみよう (コード 2.10)。このコードではまず，2 行目で，close 列のみから構成される DataFrame を作成している (リストでなく単に文字列'close'を与えると Series になるので注意する)。ここで copy() は，作成された DataFrame オブジェクトの実体をコピーするメソッドである [*11)]。

*11) [] 演算子で選択され生成された結果は，もとの df オブジェクトへの参照なのか，コピーされた実体であるかが決まらない。単に選択するだけであれば問題ないが，選択した結果に次の 2 行で新たな列を追加しており，その追加が参照に追加されることを警告するメッセージ (SettingWithCopyWarning) が表示される。このような問題は連鎖インデックス (chained indexing) 問題とよばれる。

そして，そのDataFrameに，移動平均の計算結果としてのSeriesをma26, ma52という列名で追加している(4, 5行目)。なお，DataFrameにSeriesを追加する際には，DataFrameの行ラベルとSeriesのラベルを突き合わせることで追加される。そして，短期移動平均線が中長期移動平均線を上回ればTrue，下回ればFalseとなるSgL列を計算している。この列がFalseからTrueに変わる日がゴールデンクロスで(図2.7左)，逆にTrueからFalseに変わる日がデッドクロスと判断できる(図2.7右)。

コード2.10 Seriesで移動平均を計算しチャートを描画する

```
1  # close 列からのみなる DataFrame を実体をコピーして作成
2  ma = df[['close']].copy()
3  # 移動平均の計算結果を同じDataFrame の列として追加する
4  ma['ma26'] = ma['close'].rolling(26).mean()
5  ma['ma52'] = ma['close'].rolling(52).mean()
6  # 短期 (26日)移動平均が中長期 (52日)移動平均を上回ったかどうか
7  ma['SgL'] = ma['ma26'] > ma['ma52'] # short term MA greater than long
       term MA
8  # 2つの移動平均の列を選択してチャートを描画
9  ma[['ma26', 'ma52']].plot()
10 # ゴールデンクロスとデッドクロスが起こる期間の内容を表示
11 print(ma.iloc[86:92])
12 print(ma.iloc[113:119])
```

date	close	ma26	ma52	SgL
2012-05-10	1516	1379.000000	1398.153846	False
2012-05-11	1468	1384.576923	1396.826923	False
2012-05-14	1464	1390.307692	1394.903846	False
2012-05-15	1495	1397.884615	1393.961538	True
2012-05-16	1460	1404.346154	1392.269231	True
2012-05-17	1496	1410.653846	1391.269231	True

date	close	ma26	ma52	SgL
2012-06-18	1308	1418.000000	1401.288462	True
2012-06-19	1324	1412.615385	1401.461538	True
2012-06-20	1331	1406.307692	1402.096154	True
2012-06-21	1250	1398.230769	1401.288462	False
2012-06-22	1231	1388.038462	1399.346154	False
2012-06-25	1196	1376.615385	1396.538462	False

図2.7 ゴールデンクロスがおこる前後の移動平均の結果(左)とデッドクロスがおこる前後の移動平均の結果(右)

なお，移動平均の列の最初がNaN (not a number)となっているのは，最初に計算できる移動平均値は，たとえば26日移動平均であれば先頭から26日後であるため，最初の25日は移動平均を計算できないためである。

最後に，DataFrameのplot()メソッドを実行すると，すべての列の折れ線チャートが凡例付きで描画される(図2.6右)。

2.2.2 相対力指数：RSI

株価は将来の期待を現在の価値に割り引いて評価したものであり，将来に関する情報が株価を決定していることはすでに述べた。したがって，過去の株価には未来情報は含まれていないが，2.2.1 項で紹介した移動平均を使った株価の分析は，株価変動を移動平均でなめらかにすることで，大きな流れを示そうとした。つまり，株価評価には流れが存在するとの前提で，時系列変動からノイズを除いたのである。一方，**相対力指数** (relative strength index: RSI) は株価の行きすぎを指数として表現したものである。株価が連続して買われると買われすぎ，連続して売られると売られすぎという考え方を指数化したものである。もちろん，これが買われすぎ，売られすぎの論理的根拠にはなりえない。あくまでも，おおくの投資家が参考にしている指標であるため，投資家行動に影響を与える可能性がある指標だという程度に理解しておいてほしい。

RSI は以下の計算手順で算出される。まず，過去何日間の観察期間で RSI を求めるかを任意に決める。特にルールはないが，観察期間を長くすればするほど，短期の価格変動によって RSI は影響を受けにくくなるため，売られすぎ，買われすぎのシグナルは遅延する。一方，短くすればするほど，遅延はなくなるが，直近の値動きを反映しすぎることになる。相場環境や対象商品によって，パラメータを試行錯誤して使ってほしい。

以下では，観察期間を 10 日と設定した事例で考える。

表 2.3　観測期間を 10 日とした場合の RSI の計算例

											日次 t	
$j=$	-10	-9	-8	-7	-6	-5	-4	-3	-2	-1	0	
P_{t+j}	5,000	5,050	5,010	5,110	5,080	5,230	5,430	5,380	5,480	5,420	5,540	$SMA(P, 10) = 5,273$
Up		1	0	1	0	1	1	0	1	0	1	$\sum Up = n_{u,t} = 6$
$Down$		0	1	0	1	0	0	1	0	1	0	$\sum Down = n_{d,t} = 4$
U_{t+j}		50		100		150	200		100		120	$SMA(U, n_{u,t}) = 120$
D_{t+j}			40		30			50		60		$SMA(D, n_{d,t}) = 45$

表に示すように，日次の時系列データを上昇した日 (Up) と下落した日 ($Down$) にわけ，上昇日数 ($n_{u,t}$) と下落日数 ($n_{d,t}$) をカウントする。

次に，P_{t+j-1} を日次 $t+j-1$ の終値とし，P_{t+j} を日次 $t+j$ の終値として，前営業日より終値が上昇した日には，

$$U_{t+j} = P_{t+j} - P_{t+j-1} \tag{2.2}$$

の値を計算する。この場合，D_{t+j} は空となり，$SMA(D, n_{d,t})$ を求めるときの系列データとしては無視する。反対に終値が下落した日には，

$$D_{t+j} = P_{t+j-1} - P_{t+j} \tag{2.3}$$

の値を計算する。この場合，U_{t+j} は空となり，$SMA(U, n_{d,t})$ を求めるときの系列データとしては無視する。両方とも正の値である。先の事例では，日次 $t-9$ の U_{t-9} は 50 であり，前日から 50 円上昇したことを意味し，日次 $t-8$ の D_{t-8} は 40 で，前日から 40 円下落したことを意味する。前日の終値と今日の終値が変わらない場合は，$U_{t+j} = 0$, $D_{t+j} = 0$ となる。そして，これらの値を上昇日数と下落日数でそれぞれ単純移動平均 (SMA) を求めて，比率をとったものが日次 t での RS_t であり，観測期間 10 日の窓をずらしながら，毎日計算することで，時系列の RSI を求めることができる。

$$RS_t = \frac{SMA(U, n_{u,t})}{SMA(D, n_{d,t})} \tag{2.4}$$

$$RSI_t = 100 - \frac{100}{1 + RS_t} \tag{2.5}$$

$$= 100 \times \frac{SMA(U, n_{u,t})}{SMA(U, n_{u,t}) + SMA(D, n_{d,t})}$$

先の事例の場合，日次 t における RSI は，$RSI_t = 100 \times (120/(120+45)) \approx 72.72$ と計算できる。ここからわかるように，RS の値は上昇が続くと高くなる。この値を 0 から 100 までの範囲で相対化して表現したものが RSI である。どの程度が売られすぎ (買われすぎ) かについては，使用者が決めるものであるが，一般的な経験値としては，20 以下は売られすぎ，80 以上は買われすぎだと判断されることがおおい。

それでは，2.2.1 項同様に銘柄 `A0001` の 2012, 2013 年のデータから RSI を計算し，「売られすぎ」もしくは「買われすぎ」と判定される日を求めてみよう。まずは必要なデータを用意する (コード 2.11)。日付を行ラベルとして昇順に並べた終値データを変数 `df` にセットしている。13 行目のように，日付のスライサに年だけを指定すれば，年単位での選択が可能となる。

コード 2.11 RSI を求める対象データとして，銘柄 `A0001` の 2012,2013 年のデータを選択する

```
1  import os
2  import numpy as np
```

```
3  import pandas as pd
4  os.makedirs('./output', exist_ok=True)
5
6  # 日次株価データを読み込み
7  stockDaily = pd.read_csv('./data/stockDaily.csv', parse_dates=['date
       '])
8  stockDaily['date'] = stockDaily['date'].dt.to_period('D')
9  stockDaily = stockDaily.set_index('date').sort_index()
10
11 # 日付を行ラベルに設定しラベルスライサで選択
12 df = stockDaily[stockDaily['ticker'] == 'A0001']
13 df = df.loc['2012':'2013', ['close']]
14 print(df)
15 # 本文に図として示されていない出力は, 以下のようにコード内に結果を表示してい
       る。
16 #              close
17 # date
18 # 2012-01-04   1683
19 # 2012-01-05   1666
20 # ...           ...
21 # 2013-12-27   1196
22 # 2013-12-30   1195
23 # [493 rows x 1 columns]
```

次に，この DataFrame に (2.2) 式と (2.3) 式に示した計算結果を追加していく (コード 2.12，図 2.8)。これらの式では前日と当日の終値の差を計算しているが，そのような計算は pandas では `diff()` メソッドをもちいることで簡単に実現できる (3 行目)。ただし，1 行目は前日がないので計算できず `NaN` が出力される。そこで `dropna(how='any')` で，`NaN` が 1 つでも含まれている行を削除している (5 行目)。

そして，(2.2) 式における U は，その差がプラス (マイナス) の値のみそのままにし，マイナス (プラス) の値を `NaN` として出力したあらたな列 $U(D)$ を作成している (7,9 行目)。

コード 2.12　前日と当日の終値の差を計算する

```
1  ds = df.copy()
2  # close 列の前行との差を計算
3  ds['diff'] = ds['close'].diff()
4  # 前日のない先頭行はNaN になるので削除する。
5  ds = ds.dropna(how='any')
6  # 差が 0より大きい値のみ残し,他はNaN にした新しい列 U を作成する。
```

```
7  ds.loc[ds['diff'] > 0, 'U'] = ds['diff']
8  # 差が0より小さい値のみ残し,他はNone にした新しい列 D を作成する。
9  ds.loc[ds['diff'] < 0, 'D'] = ds['diff'] * (-1)
10 print(ds)
```

date	close	diff	U	D
2012-01-05	1666	-17.0	NaN	17.0
2012-01-06	1655	-11.0	NaN	11.0
2012-01-10	1668	13.0	13.0	NaN
2012-01-11	1667	-1.0	NaN	1.0
2012-01-12	1658	-9.0	NaN	9.0
...	...	...	...	...

図 2.8　コード 2.12 で計算された，日 t と $t-1$ の終値の差 U, D

U, D が計算できれば，次にそれぞれの単純移動平均を計算し，(2.5) 式で示した RSI の計算を実行する (コード 2.13，図 2.9)。移動平均は，2.2.1 項のコード 2.10 と同様に rolling() メソッドをもちいればよい。

コード 2.13　RSI を計算するプログラム

```
1  # 移動平均の計算
2  ds['smaU'] = ds['U'].rolling(10,min_periods=1).mean().fillna(0.)
3  ds['smaD'] = ds['D'].rolling(10,min_periods=1).mean().fillna(0.)
4
5  # RSI の計算(式 2.5)
6  ds['rsi'] = 100 * (ds['smaU'] / (ds['smaU'] + ds['smaD']))
7  print(ds)
```

date	close	diff	U	D	smaU	smaD	rsi
2012-01-05	1666	-17.0	NaN	17.0	0.000000	17.000000	0.000000
2012-01-06	1655	-11.0	NaN	11.0	0.000000	14.000000	0.000000
2012-01-10	1668	13.0	13.0	NaN	13.000000	14.000000	48.148148
2012-01-11	1667	-1.0	NaN	1.0	13.000000	9.666667	57.352941
2012-01-12	1658	-9.0	NaN	9.0	13.000000	9.500000	57.777778
...	...	...	...	...	...	...	...

図 2.9　コード 2.13 で計算された RSI

以上で得られた RSI と終値を折れ線チャートで描画する (コード 2.14, 図 2.10)。DataFrame の `plot` 関数をもちいているが，RSI と終値は単位が異なるので，終値を第 2 軸に設定している。また，売られすぎ/買われすぎの目安となる $RSI = 20, 80$ を y 軸の目盛としてグリッド線を描画している。

コード 2.14　RSI と終値の折れ線チャートを描画するプログラム

```
1  # 終値とRSI を折れ線チャートで描画
2  # 終値とRSI は単位が異なるので，終値を第 2 軸に設定する
3  # 売られすぎ/買われすぎの目安となるRSI=20,80をy 軸の目盛としてグリッド線を
       描画
4  ax = ds[['close', 'rsi']].plot(
5      secondary_y=['close'], yticks=[20, 80], grid=True)
6  ax.get_figure().savefig('./output/rsi.png')
```

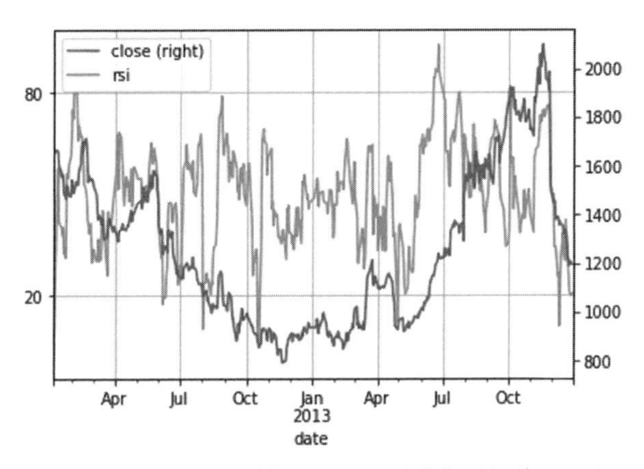

図 2.10　コード 2.14 で計算された RSI と終値の折れ線チャート

最後に，$RSI = 20, 80$ で定義した売られすぎ/買われすぎの日を選択する (コード 2.15，図 2.11)。売られすぎと判断された日 ($RSI \leq 20$) は 6 回あり，いずれも 2013 年 12 月に集中している。一方で買われすぎと判定された日 ($RSI \geq 80$) は 12 回あり，2013 年の 6, 7 月に集中していることがわかる。

コード 2.15　売られすぎ ($RSI \leq 20$)，買われすぎ ($RSI \geq 80$) の日を選択する

```
1  # 売られすぎ,買われすぎの日を選択する
2  overSold = ds[ds['rsi'] <= 20]
3  overBought = ds[ds['rsi'] >= 80]
4  print('### overSold ###')
5  print(overSold)
```

```
6  print('### overBought ###')
7  print(overBought)
```

date	close	diff	U	D	smaU	smaD	rsi
2012-01-05	1666	-17.0	NaN	17.0	0.000000	17.000000	0.000000
2012-01-06	1655	-11.0	NaN	11.0	0.000000	14.000000	0.000000
2012-06-07	1240	-81.0	NaN	81.0	11.000000	52.142857	17.420814
2012-06-08	1256	16.0	16.0	NaN	12.666667	52.142857	19.544453
2012-06-11	1273	17.0	17.0	NaN	13.750000	57.166667	19.388954
2012-08-02	1069	-23.0	NaN	23.0	2.000000	17.777778	10.112360
2012-10-17	884	-22.0	NaN	22.0	1.000000	14.250000	6.557377
2012-10-18	872	-12.0	NaN	12.0	1.000000	15.000000	6.250000
2012-10-19	857	-15.0	NaN	15.0	1.000000	14.750000	6.349206
2013-04-30	929	-14.0	NaN	14.0	4.000000	28.750000	12.213740
2013-12-11	1357	-20.0	NaN	20.0	10.000000	81.375000	10.943912
2013-12-27	1196	-12.0	NaN	12.0	8.750000	35.500000	19.774011

date	close	diff	U	D	smaU	smaD	rsi
2012-02-07	1525	-14.0	NaN	14.0	58.000000	14.375000	80.138169
2013-06-18	1150	-1.0	NaN	1.0	22.714286	5.333333	80.984720
2013-06-19	1148	-2.0	NaN	2.0	24.500000	4.500000	84.482759
2013-06-20	1168	20.0	20.0	NaN	24.000000	4.500000	84.210526
2013-06-21	1193	25.0	25.0	NaN	24.142857	3.666667	86.815068
2013-06-24	1210	17.0	17.0	NaN	22.857143	3.666667	86.175943
2013-06-25	1240	30.0	30.0	NaN	23.750000	1.500000	94.059406
2013-06-26	1231	-9.0	NaN	9.0	26.285714	4.000000	86.792453
2013-06-27	1226	-5.0	NaN	5.0	23.333333	4.250000	84.592145
2013-06-28	1219	-7.0	NaN	7.0	24.200000	4.800000	83.448276
2013-07-01	1223	4.0	4.0	NaN	19.200000	4.800000	80.000000
2013-07-02	1222	-1.0	NaN	1.0	19.200000	4.800000	80.000000
2013-07-24	1324	-25.0	NaN	25.0	52.000000	13.000000	80.000000

図 2.11　コード 2.15 で計算された売られすぎの日 (上：overSold) と買われすぎの日 (下：overBought) の選択結果

2.3 株式のリターン (収益率) を計算する

企業はどこから資金を調達するのだろうか。資金の提供者には２通り存在する。その企業に対して，資金を融通し，対価として利息を受け取る提供者，つまり銀行である。銀行は自らが預金を通じて集めた資金を企業に融資する。その際に設定される金利が銀行にとってのリターン (収益率) に該当する。企業が倒産して返済してもらえないかもしれないリスクの見返りとして，高い貸し出し金利が得られると考えてもよいだろう。もう１つの資金の提供者は株主である。株主は事業がうまくいかなければ出資した資金をすべて失うかもしれない。融資をする銀行は，まず優先的に返済を受けることができるし，担保をとることもある。したがって，リスクはあるが比較的安全な資金の出し手だといえよう。一方株主は，担保をとることができず，優先的に弁済を受けることもない。リスクが高い資金の出し手であるから，見返りであるリターンも高い。

株式のリターン (収益率) とは，リスク資本を提供した株主がどの程度のリターンを得られたかを計算することである。企業経営者は，財やサービスを販売し，取引先に支払い，人件費を含む必要経費を差し引き，銀行への利払いをしなければならない。そうできなければ，倒産である。企業に融資している銀行は，株主資本に余裕がある限り元利が回収できないという事態はおこらない。こう考えると，融資の価値は比較的守られており，日々大きく変動するということはなさそうだ。一方，株価は事業の先行きに関する情報が入るたびに大きく変動する。

売上から費用等を引いた後の利益に対し納税し，株主が手にすることができるのは，税引き後の残余利益である。企業経営者は残余利益をすべて「配当」として株主に配分する場合もあれば，より成長するための投資資金に使う場合もある。その決定については株主総会において株主の委託を受けた経営者がおこなう。仮に，企業経営者が残余利益をすべて配当として支払ったとしよう。すると，配当を支払った瞬間に，保有株の中に含まれていた配当金相当分の価格下落に直面する。つまり，株主にとってはプラス・マイナスが相殺される。これを「配当落ち」とよぶ。一方，経営者が配当せずに内部留保した場合は，企業の中に株主に属する残余利益が蓄積されたわけであるから，「配当落ち」することはない。株主にとってみれば，配当で受け取ったとしても内部留保されたとしてもリターンは一定である。株主が配当金を通じて収益を得ることをインカムゲインとよび，株価の上昇で収益を得ることをキャピタルゲインという。

このように考えると，ある一定期間における株式のリターンは (2.6) 式のように計算できる。

$$R_{i,t} = (P_{i,t} - P_{i,t-1} + D_{i,t})/P_{i,t-1} \tag{2.6}$$

ここで，$R_{i,t}$ は i 証券の t 期 (時点 $t-1$ から時点 t の期間) のリターン，$P_{i,t}$ は時点 t における株価，$P_{i,t-1}$ は時点 $t-1$ における株価，$D_{i,t}$ は t 期に支払われる配当である。

このように株式のリターンを計算するためには，配当のデータが必要不可欠となる。ただ，おおくのデータベンダは「修正済み株価」を提供しており，ユーザは単純に修正された株価系列の変化率を計算することで，株式のリターンを計算できる。また，修正済み株価は，2.1.1 項で解説した株式分割や，配当，併合などの企業アクションをすべて反映している。本書で使う疑似データも修正済み株価としてあつかってほしい。

それでは，Python で特定銘柄のリターンとその銘柄の超過リターンを実際に計算してみよう。**超過リターン** (excess return) という言葉もファイナンスで頻出するので覚えておいてもらいたい。ある企業のリターンを考える場合，その企業が他の企業と比較してどうだったかを考える場合がおおい。たとえば，仮にその企業の株価リターンが +10% であったとしても，その企業がほんとうに高いリターンを示していたのかどうかはわからない。比較対象がないからだ。理想的には類似の企業同士を比べてリターンの高い，低いを議論するべきだろう。超過リターンとは，このように基準 (ベンチマーク) を決めてある特定の企業群やポートフォリオを評価するために計算する。ただ，類似企業を特定するのは，さまざまな要因を考慮する必要があるため，手続きが煩雑である。本書では，簡単化のために，株式市場全体のリターンをベンチマークとして超過リターンを計算する。ここでは `A0001` を取り上げ，2012 年の 1 年間の日次リターンデータをもちいる。そして最終的には，その銘柄のリターンと超過リターンの累積チャートを描画する。リターンを累積するというのは，ある一定期間における日々のリターンを足し合わせることである。ある銘柄を買っては売りというのを日々繰り返すことで，トータルでどれだけのリターンがあったかを累積リターンによって知ることができる [*12)]。超過リターンを累積させれば，ある銘柄を売って買ってを日々繰り返して，ベンチマークとなるリターンを上回るリターンがトータルでどれほどあったかがわかる。

まずは，必要となる2つのデータ，A0001の終値の系列データと，超過リターンを計算するための市場リターンの系列データを作成することから始めよう。そのプログラムをコード2.16に示している。A0001の終値の系列データはこれまでの項でも取り上げてきた方法と同じように作成すればよい (5〜12行目)。ここでは，ベンチマークとなるポートフォリオを市場全体のリターンとして考えよう。市場のリターン・データは，一般的に日経225インデックスやTOPIXをもちいることがおおいが，ここでは，Fama-French 3ファクター・モデル構築用のデータ ffDaily.csv の RMRF をもちいることにする。RM は市場全体のリターンであり，RF は無リスク利子率をあらわし，RMRF はその差分である。詳しくは第4章に解説する。作成された2つのDataFrameは図2.12に示すとおりである。

コード 2.16 銘柄 A0001 の 2012〜2013 年の終値と市場のリターンデータの読み込み

```
1  import os
2  import pandas as pd
3  os.makedirs('./output', exist_ok=True)
4
5  # 日次株価データを読み込み
6  stockDaily = pd.read_csv('./data/stockDaily.csv', parse_dates=['date
       '])
7  stockDaily['date'] = stockDaily['date'].dt.to_period('D')
8  stockDaily = stockDaily.set_index('date').sort_index()
```

---

*12) 銘柄 i の日次 t のリターンを $R_{i,t}$ とし，日次 $t-k$ から日次 t までのリターンを累積させた累積リターン ($CR_{i,t}$) は，

$$CR_{i,t} = R_{i,t} + R_{i,t-1} + \cdots + R_{i,t-k+1} = \sum_{j=0}^{k-1} R_{i,t-j}$$

として計算され，日々売買を繰り返すことによってトータルでどれだけのリターンがあったかをあらわす。一方，日々売買を繰り返すという戦略のほかに，より一般的な戦略として，一度買えばしばらくの間もち続けるというバイアンドホールド戦略も存在する。日次 $t-k$ から日次 t までバイアンドホールド戦略を採用した場合のリターン ($BHR_{i,t}$) は，次のように計算できる。

$$BHR_{i,t} = (1+R_{i,t})\times(1+R_{i,t-1})\times\cdots\times(1+R_{i,t-k+1})-1 = \left[\prod_{j=0}^{k-1}(1+R_{i,t-j})\right]-1$$

```
 9
10  # 銘柄と日付で行を選択
11  df = stockDaily[stockDaily['ticker'] == 'A0001']
12  df = df.loc['2012-01-01': '2013-12-31', ['close']]
13  print(df)
14
15  # Fama-French 3ファクター・モデル用データの読み込み
16  ffDaily = pd.read_csv('./data/ffDaily.csv', parse_dates=['date'])
17  ffDaily['date'] = ffDaily['date'].dt.to_period('D')
18  ffDaily = ffDaily.set_index('date').sort_index()
19  # RMRF を市場のリターンとして利用する
20  ffDaily['RM'] = ffDaily['RMRF'] + ffDaily['RF']
21  print(ffDaily)
```

	close
date	
2012-01-04	1683
2012-01-05	1666
2012-01-06	1655
2012-01-10	1668
2012-01-11	1667
...	...

	RMRF	SMB	HML	RF	RM
date					
1990-07-02	-0.08	1.46	-0.73	0.03	-0.05
1990-07-03	-0.40	0.65	-0.41	0.03	-0.37
1990-07-04	1.49	-0.01	0.32	0.03	1.52
1990-07-05	0.16	2.71	-0.12	0.03	0.19
1990-07-06	1.17	0.74	-0.03	0.03	1.20
...	...	...	...	...	...

図 2.12 銘柄 A0001 の 2012 年の終値の日次データ (左) と市場のリターンデータ (右)

次に，図 2.12 左に示された A0001 の終値系列に必要な列を以下に示した順番で次々に追加／計算していく (コード 2.17)。

リターン リターンの計算は，Series データに対して pct_change() メソッドを適用するだけで実現できる。追加される return の各行の値は，前行を $t-1$ 日，その行を t 日としたリターンが計算されている。

RMRF の結合 ffDaily の市場リターン RMRF 列を ds に結合する。ds, ffd ともに行ラベルとして日付を設定している。そのような場合は join() メソッドが利用できる (列で結合するときは merge() メソッドを利用する)。join() は，デフォルトでは結合される側 (ds) の行がそのまま出力される。もし結合する側 (ffd) に ds の行ラベルがなければ NaN となる。このような結合方式は「左結合」とよばれる。

超過リターンの計算 A0001 のリターンが市場のリターンに比べてどの程度

高いかを求めるために，単純に 2 つの列 `return` と `RMRF` の差を計算することで超過リターンが求まる。

累計計算　リターンと超過リターンを累積するには，`cumsum()` メソッドを使う。

以上の計算をおこなった結果が図 2.13 に示されている。このようにすべての計算過程を残しておけば，結果データから正しい計算が行われているかの検算が可能となる。

コード 2.17　リターンと超過リターンの計算

```
1  ds = df.copy()
2  # close 列によるリターンの計算は pct_change()メソッドで実現できる
3  ds['return'] = ds['close'].pct_change() * 100
4  # 行ラベルをキーにして,ffDaily の RMRF を結合する
5  ds = ds.join(ffDaily)
6  # 超過リターンの計算
7  ds['ereturn'] = ds['return'] - ds['RM']
8  # リターンと超過リターンの累積計算
9  ds['return_accum'] = ds['return'].cumsum()
10 ds['ereturn_accum'] = ds['ereturn'].cumsum()
11 print(ds)
```

	close	return	RMRF	SMB	HML	RF	RM	ereturn	return_accum	ereturn_accum
date										
2012-01-04	1683	NaN	0.61	-0.32	0.15	0.0	0.61	NaN	NaN	NaN
2012-01-05	1666	-1.010101	0.39	-0.13	-0.18	0.0	0.39	-1.400101	-1.010101	-1.400101
2012-01-06	1655	-0.660264	0.13	0.04	0.17	0.0	0.13	-0.790264	-1.670365	-2.190365
2012-01-10	1668	0.785498	-0.94	0.38	-0.19	0.0	-0.94	1.725498	-0.884867	-0.464867
2012-01-11	1667	-0.059952	0.38	0.19	0.14	0.0	0.38	-0.439952	-0.944819	-0.904819
...	...	...	...	...	...	...	...	...	...	...
2013-12-24	1191	-10.786517	0.45	-0.07	0.10	0.0	0.45	-11.236517	-13.711729	-54.241729
2013-12-25	1195	0.335852	-0.10	0.42	-0.06	0.0	-0.10	0.435852	-13.375877	-53.805877
2013-12-26	1208	1.087866	1.73	0.26	-0.24	0.0	1.73	-0.642134	-12.288011	-54.448011
2013-12-27	1196	-0.993377	0.14	-0.13	0.80	0.0	0.14	-1.133377	-13.281388	-55.581388
2013-12-30	1195	-0.083612	0.49	-0.14	-0.24	0.0	0.49	-0.573612	-13.365000	-56.155000

図 2.13　リターン，超過リターン，それぞれの累積値

最後に，ここまでに計算したリターンと超過リターン，およびそれらの累積を折れ線チャートで視覚化しておこう (コード 2.18)。2. 2. 1 項で解説した方法

で，図 2.14 のようなチャートが描画される。

コード 2.18　リターンと超過リターンの推移を視覚化する

```
1  # リターンと超過リターンの推移チャート
2  ax = ds[['return', 'ereturn']].plot()
3  # それぞれの累積推移チャート
4  ax = ds[['return_accum', 'ereturn_accum']].plot()
```

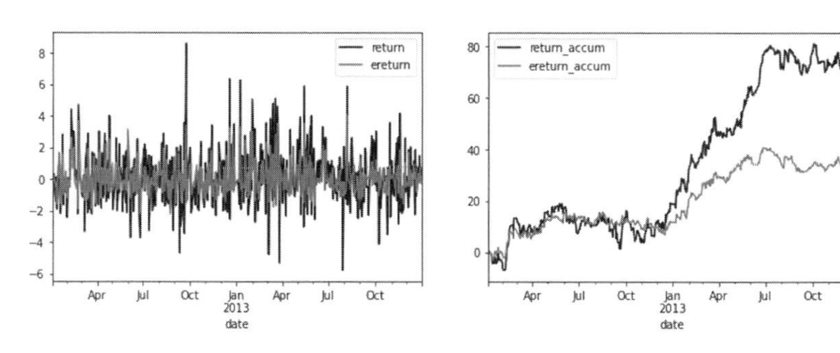

図 2.14　リターンと超過リターンの推移 (左)，およびそれぞれの累積 (右)

2.4　企業規模 (株式時価総額) とリターンの関係をみてみる

企業分析をおこなうとき 2 つの変数の関係性をみたいということがある。たとえば，「業績の伸び率が大きい企業ほど，業績発表後の株式リターンが高くなっている」との仮説を思いつき，それを検証したいと考えたとする。この関係を確認する方法としてよくもちいられるのが，回帰分析という手法である。通常，回帰分析をおこなう前に，母集団における変数間の関係性を表現する仮説や理論モデルを考える。そして，その仮説や理論モデルが示す関数を想定し，関数がデータにもっともあてはまりがよくなるようなパラメータをさがすという作業をおこなう。ファイナンスで使う理論モデルには線形関数がおおい。そのため頻繁に出現するのが，線形回帰モデルである。線形回帰では，最小二乗法 (ordinary least square: OLS) とよばれる手法を使ってパラメータの推定がおこなわれることがおおい。

2.4.1　OLS の考え方

たとえば，表 2.4 に示す決算発表をおこなった 8 社 ($n = 8$) の前期からの業

績 (売上高) の伸び率データと，業績発表後の株式リターンのデータが得られたとしよう。いま業績の伸び率でその後のリターンを説明するモデルを考える。

$$Y_i = \alpha + \beta X_i + \varepsilon_i$$

ただし，Y_i は i 番目に観測された Y であり，X_i は i 番目に観測された X である。ε_i は平均 0，分散 σ^2 の正規分布 (詳細は 2.5.2 項で説明する) に従う確率変数であり，誤差項とよぶ。このように説明変数が 1 つのものを単回帰モデルという。このとき，業績の伸び率の変数 X を説明変数，リターンの変数 Y を被説明変数とよぶ。

表 2.4　業績の伸び率と発表後のリターンの関係

観測値番号	Y：業績発表後 1 ヶ月間のリターン (単位：%)	X：前年度からの業績伸び率 (単位：%)
1	6	21
2	13	31
3	10	35
4	24	39
5	30	40
6	28	49
7	42	56
8	55	63

表 2.4 のデータに従い，業績の伸び率と発表後の株式リターンの関係を，回帰分析を使って推定してみよう。

まず，X に前年度からの業績伸び率，Y に株式リターンをおいた散布図を確認しよう。図 2.15 の左図にあるように，業績の伸び率の高い企業ほど，その後の株式リターンが高い傾向にあることが視覚的にわかる。この関係を図 2.15 の右図にあるように任意の推定値 $\tilde{\alpha}$ (切片) と $\tilde{\beta}$ (傾き) をもつ $Y = \tilde{\alpha} + \tilde{\beta} X$ という線形関数を考えて推定する。観測値 Y_i ($i = 1, 2, \ldots, n$：このケースでは $n = 8$) の推定値は $\tilde{Y}_i = \tilde{\alpha} + \tilde{\beta} X_i$ である。観測値と推定値の差 $Y_i - \tilde{Y}_i$ は残差 ($\tilde{e}_i$) とよばれる。それぞれの観測値から生まれる残差を二乗して合計したものは残差平方和とよばれ，$\sum_{i=1}^{n} \tilde{e}_i^2 = \sum_{i=1}^{n} \left(Y_i - \tilde{Y}_i\right)^2$ であるから，

$$\sum_{i=1}^{n} \tilde{e}_i^2 = \sum_{i=1}^{n} (Y_i - \tilde{\alpha} - \tilde{\beta} X_i)^2 \qquad (2.7)$$

であらわされる。この残差平方和は，$\left(\tilde{\alpha},\ \tilde{\beta}\right)$ にどのような値を入れるかによっ

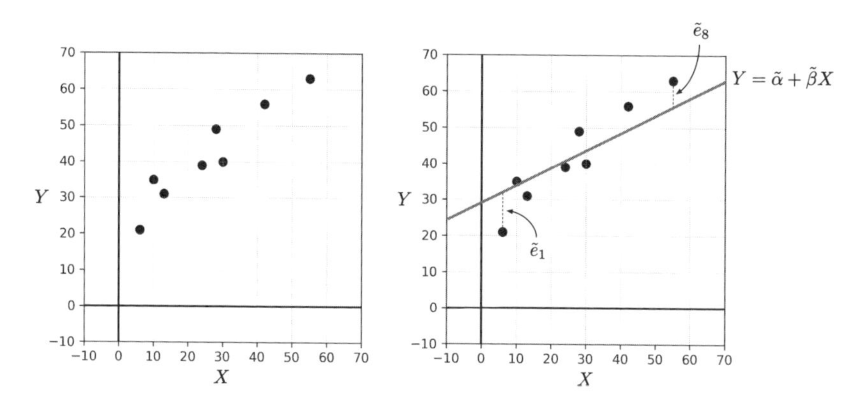

図 2.15　業績の伸び率 (X) と業績発表後のリターン (Y) の散布図 (左) と任意の回帰直線 (右)

て変化する。$\left(\tilde{\alpha},\ \tilde{\beta}\right)$ は任意であるが，$\tilde{Y}_i$ が Y_i に近く，$\sum_{i=1}^n \tilde{e}_i^2$ の値が小さくなるような $\left(\tilde{\alpha},\ \tilde{\beta}\right)$ はよい推定値だといえる。残差平方和が最小になるような $\left(\hat{\alpha},\ \hat{\beta}\right)$ を OLS による推定量とよぶ。

$\left(\hat{\alpha},\ \hat{\beta}\right)$ のとき，Y_i の推定値 $\hat{Y}_i$ は，$\hat{Y}_i = \hat{\alpha} + \hat{\beta} X_i$ であらわされ，このときの残差 $e_i = Y_i - \hat{Y}_i$ であり，$e_i = Y_i - \hat{\alpha} - \hat{\beta} X_i$ となる。$\left(\hat{\alpha},\ \hat{\beta}\right)$ は，$\sum_{i=1}^n e_i^2 = \sum_{i=1}^n \left(Y_i - \hat{\alpha} - \hat{\beta} X_i\right)^2$ を最小にする推定量であるから，次の条件を満たさなければならない。和の演算 $\sum$ の i は省略する。

$$\frac{\partial \sum e_i^2}{\partial \hat{\alpha}} = -2 \sum (Y_i - \hat{\alpha} - \hat{\beta} X_i) = 0 \tag{2.8}$$

$$\frac{\partial \sum e_i^2}{\partial \hat{\beta}} = -2 \sum (Y_i - \hat{\alpha} - \hat{\beta} X_i) X_i = 0 \tag{2.9}$$

この 2 本の式を整理すると次式が得られる。

$$n\hat{\alpha} + \hat{\beta} \sum X_i = \sum Y_i \tag{2.10}$$

$$\hat{\alpha} \sum X_i + \hat{\beta} \sum X_i^2 = \sum X_i Y_i \tag{2.11}$$

(2.10) 式の両辺を n で割り，$\hat{\alpha}$ について解くと，

$$\hat{\alpha} = \bar{Y} - \hat{\beta} \bar{X} \tag{2.12}$$

が得られる。ただし，$\bar{Y} = \sum Y_i / n$ であり，$\bar{X} = \sum X_i / n$ をあらわす。(2.12) 式を (2.11) 式の $\hat{\alpha}$ へ代入して整理すると，

$$\hat{\beta}\left(\sum X_i^2-\bar{X}\sum X_i\right)=\sum X_iY_i-\bar{Y}\sum X_i$$

を得る。この式の左辺の括弧内は，$\sum\left(X_i-\bar{X}\right)^2$に，右辺は$\sum\left(X_i-\bar{X}\right)\left(Y_i-\bar{Y}\right)$に等しいので，

$$\hat{\beta}=\frac{\sum\left(X_i-\bar{X}\right)\left(Y_i-\bar{Y}\right)}{\sum\left(X_i-\bar{X}\right)^2} \tag{2.13}$$

が得られる。(2.12) 式と (2.13) 式が求めたかった α と β の最小二乗推定量である。

最小二乗推定量 $\hat{\alpha}$ と $\hat{\beta}$ は偏回帰係数ともよばれる。もう 1 つの未知のパラメータは誤差項の分散である。分散の推定量 $\hat{\sigma}^2$ は

$$\hat{\sigma}^2=\frac{\sum e_i^2}{n-2}$$

であり不偏推定量である。ここで分母の $n-2$ は n 個の残差の自由度である[*13)]。以上により，未知のパラメータ α と β の最小二乗推定量 $\hat{\alpha}, \hat{\beta}$ と不偏性の条件を満たす $\hat{\sigma}^2$ が得られた。こうして求められたパラメータにもとづき母集団の真の傾き β と切片 α が 0 であるという帰無仮説を検定する。

今回の事例では，株式リターン (Y) を被説明変数とし，業績の伸び率 (X) を説明変数とした場合に推定された線形回帰モデルがフラット，つまり 2 つの変数間に何の関係もみられないというのが棄却したい帰無仮説となる。ここで，回帰モデル ($Y_i=\alpha+\beta X_i+\varepsilon_i$) において，$\varepsilon_i$ の期待値は 0，ε_i の分散は常に一定，異なる誤差 ε_i と ε_j はたがいに独立だと考えることができれば，この検定には t 値 (t 統計量) と p 値を適用できる。これらは，帰無仮説が正しいと仮定したときに，観測した事象よりもまれなことがおこる確率を計算するものである。検定の詳しい手順や手続き，背後にある統計理論については統計学の教科書を参照してほしい。ファイナンス分析では 5%の有意水準を基準に判断する場合がおおい。ここでは，推定された係数の値が正の場合は t 値がおおむね 2 以上，負の場合はおおむね -2 以下，p 値が 0.05 以下であれば，5%の有意水準で帰無仮説を棄却する。

---

*13) なぜこれが不偏推定量になるか，どうして自由度が 2 になるかについての説明は省いている。詳しくは統計学の教科書を参考にしてほしい。たとえば，大屋幸輔 (2020)『コア・テキスト統計学』新世社を参照。

さて，この実際のデータで回帰モデルを推定した結果，(2.14) 式の推定式が得られた。

$$Y = -22.46 + 1.16X \tag{2.14}$$

切片 ($\hat{\alpha}$) と傾き ($\hat{\beta}$) の標準誤差がそれぞれ 6.64 と 0.15 と算出されたので，t 値はそれぞれ −3.38，7.63 となった。母集団の切片が 0 であるという帰無仮説と傾きが 0 であるという帰無仮説のいずれも 1%の有意水準で棄却されることが明らかとなった。

2.4.2　企業規模 (株式時価総額) とリターンの関係

企業規模は，株価 × 発行済み株式数で求められ，株式時価総額で判断する。企業によっては負債が大きい場合があるため，必ずしも株式時価総額によるランキングが企業価値 (株式時価総額 + 負債の時価総額) のランキングとは一致しないが，株式時価総額を，企業規模をあらわす変数としてあつかうことは一般的だ。さて，それでは，企業規模とリターンの関係をみていこう。直感的には，投資家として企業規模が大きい会社への投資の方が，小さい会社への投資よりも安心できると考えられないだろうか。規模が大きいということは，それだけの顧客基盤をもち，これまでに安定的に利益を生み出してきた会社であるからこそ，企業規模が大きくなったのである。一方，小さい企業は，ちょっとした環境変化に左右されやすく，いい方向にもわるい方向にも進みやすい。投資家の視点から考えると，企業規模の小さい企業への投資は不確実性が高いといえるだろう。不確実性が高い企業への投資は，投資家はそれなりに躊躇するため，結果として期待リターンは高くなる。

それでは，実際に Python で OLS を実践してみよう。検証したいのは，「企業規模が小さい銘柄ほど，翌月のリターンが高い」という仮説である。データ期間を 2000 年から 2004 年とし，説明変数 X を銘柄 i の $t-1$ 月末の株式時価総額 ($ME_{i,t-1}$)，被説明変数 Y を銘柄 i の t 月のリターン ($R_{i,t}$) として，線形回帰分析をおこない，企業規模と平均リターンの関係を推定してみる。推定する回帰モデルは，次のとおりである。

$$R_{i,t} = \alpha + \beta ME_{i,t-1} + u_{i,t} \tag{2.15}$$

ただし，$u_{i,t}$ は誤差項である。また株式時価総額は数兆円となる企業もあるので，単位を1兆円として計算することにする。

まず，回帰モデルを構築するデータセットを作成する (コード 2.19)。このプログラムは，説明変数と被説明変数のみを格納した DataFrame を作成している (図 2.16) *14)。また，わかりやすさのために，途中で生成されるデータ df を図 2.17 に示している。

コード 2.19　回帰モデル構築用データセットの作成

```
1  import pandas as pd # pandas ライブラリの読み込み
2  import statsmodels.api as sm
3
4  # CSV ファイルを読み込み DataFrame を構成し,df 変数にセット
5  stockMonthly = pd.read_csv('./data/stockMonthly.csv', parse_dates=['
       month'])
6  stockMonthly['month'] = stockMonthly['month'].dt.to_period('M')
7  stockMonthly = stockMonthly.set_index('month').sort_index()
8
9  # 時価総額 (ME)=終値*発行済み株式数
10 stockMonthly['me'] = (stockMonthly['close']
11                       * stockMonthly['share'] / 1000000000000)
12 # 説明変数はt-1月の時価総額で,被説明変数はt 月のリターンなので時価総額を1行
       ずらす。
13 stockMonthly['me_tm1'] = (stockMonthly[['ticker', 'me']]
14                          .groupby('ticker').shift())
15 stockMonthly = stockMonthly.dropna(how='any')
16 print(stockMonthly)
17
18 # 説明変数と被説明変数を選択し,
19 # date を行ラベルに設定して日付期間を選択すればデータセットの完成
20 df = stockMonthly[['return', 'me_tm1']].copy()
21 df = df['2000-01': '2004-12']
22 print(df)
23 ax = df.plot.scatter('me_tm1', 'return')
```

回帰分析の目的は，$t-1$ 月末の規模が小さい銘柄ほど，t 月で高い株価パフォーマンスを残しているかを示すことにあり，時価総額の値を1ヶ月前にずらす必要がある。この処理は，14 行目の shift() メソッドで me を1行ずらすことで実現している。

そこでは，2 つのメソッド groupby()，shift() が登場する。まず，

---

*14) 日付を行ラベルにしているが，回帰モデルを構築するには必要なく，データセットの作成途上でセットされるのでそのままにしている。

month	return	me_tm1
2000-01	1.873536	0.035308
2000-01	-21.882230	0.001781
2000-01	3.692906	0.132291
2000-01	-17.722880	0.025500
2000-01	-12.080540	0.002926
...	...	...

図 2.16　回帰モデル構築用データセット

month	ticker	open	high	low	close	volume	share	return	industry	qme	qbeme	me	me_tm1
1991-02	D0040	1561	1561	1561	1561	2602482	50488944	-5.907173	D	ME2	BM5	0.078813	0.083761
1991-02	J0076	2787	2787	2787	2787	392915	18076090	11.035860	J	ME2	BM5	0.050378	0.045371
1991-02	A0035	6605	6779	6605	6779	2186161	30755182	3.354170	A	ME4	BM2	0.208489	0.201723
1991-02	E0039	3344	3344	3344	3344	17166	5093915	-3.603344	E	ME1	BM2	0.017034	0.017671
1991-02	J0105	3658	3658	3459	3613	1697552	22356904	3.022526	J	ME3	BM5	0.080775	0.078406
...	...	...	...	...	...	...	...	...	...	...	...	...	...

図 2.17　月次データに時価総額 (`me`) と $t-1$ 月の時価総額 (`me_tm1`) を加えたデータ

`groupby('ticker')` によって，`ticker` の値別に行が分割される *15)。そして，次の `shift()` メソッドにより，分割単位ごとに，`me` を 1 行下にずらした Series が生成されるのである *16)。なお，`groupby()` を使わずに直接 `shift()` をもちいると，異なる `ticker` 間の境界においても `me` をずらすことになってしまいうまくいかない。

このように生成された $t-1$ 月の時価総額は，`me_tm1` という列名で `df` に追加している。そして，時価総額とリターンの関係を `plot.scatter()` メソッドで描画したものが図 2.18 である。

次に，以上で作成したデータセットをもちいて回帰モデルを構築する。そのプログラムをコード 2.20 に示す。本書では，回帰モデルの構築に statsmodels ライブラリ (本書では `sm` という別名をもちいている) をもちいている。statsmodels は，さまざまな統計モデルを構築できる Python ライブラリで，入力データと

*15)　このようなグルーピングの対象となる列を「集計キー」と呼ぶ。また分割においては，実際に行が分割されるのではなく，内部的に値別の行ラベルリストが生成される。

*16)　2 つの列 `ticker`，`me` で構成される DataFrame に `groupby()` が適用されているが，`ticker` は行分割のために利用され，残った列が `me` だけとなるために Series が生成される。複数列であれば DataSet が生成される。

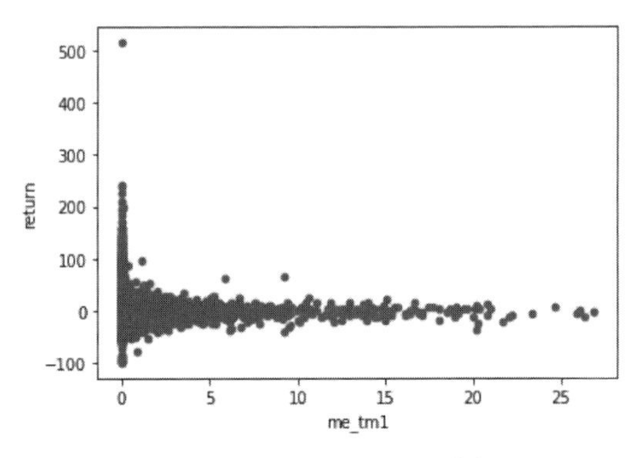

図 2.18　時価総額とリターンの散布図

しては DataFrame を想定しており，pandas との連携に優れている。

OLS による線形回帰モデルの構築には `OLS` クラスをもちいればよい。`OLS()` に被説明変数を Series として，そして説明変数を DataFrame もしくは Series として与えればよい。ただし，原点を通る回帰モデルを想定するのでなければ，切片項の推定のためにすべての行が 1.0 であるような列を説明変数として追加する必要がある。そのような DataFrame を自前で用意してもよいが，`sm.constant()` というメソッドがそのような処理をおこない (2 行目)，`const` という列が追加される。そして得られた `OLS` モデルオブジェクト `model` の `fit()` メソッドを実行することで，線形回帰モデルが構築され，結果オブジェクトが変数 `res` に格納される (3 行目)。

コード 2.20　回帰モデルを構築するスクリプト

```
1  # 回帰モデルの設定
2  model = sm.OLS(df['return'], sm.add_constant(df['me_tm1']))
3  res = model.fit()  # OLS による回帰係数の推定
4  # モデルの概要を表示
5  print(results.summary())
6  # 回帰係数の表示
7  print('## res.params ##')
8  print(res.params)
9  # const      1.180880
10 # me_tm1   -0.473783
11 # dtype: float64
12 # 観測数の表示
13 print('## nobs', res.nobs)
14 # 117052.0
```

結果オブジェクトの summary() メソッドを使えば回帰モデルの内容が表示できる (図 2.19)。またそこに表示される推定値や評価結果を個別に取得したければ，表 2.5 に示されるメンバ変数を参照すればよい。コード 2.20 では，回帰係数 (res.params) と観測数 (nobs) を取り出し表示している。

```
                            OLS Regression Results
==============================================================================
Dep. Variable:                 return   R-squared:                       0.001
Model:                            OLS   Adj. R-squared:                  0.001
Method:                 Least Squares   F-statistic:                     72.91
Date:                Wed, 02 Jun 2021   Prob (F-statistic):           1.37e-17
Time:                        04:43:25   Log-Likelihood:            -4.6205e+05
No. Observations:              117052   AIC:                         9.241e+05
Df Residuals:                  117050   BIC:                         9.241e+05
Df Model:                           1
Covariance Type:            nonrobust
==============================================================================
                 coef    std err          t      P>|t|      [0.025      0.975]
------------------------------------------------------------------------------
const          1.1809      0.037     31.641      0.000       1.108       1.254
me_tm1        -0.4738      0.055     -8.539      0.000      -0.583      -0.365
==============================================================================
Omnibus:                    82073.076   Durbin-Watson:                   1.772
Prob(Omnibus):                  0.000   Jarque-Bera (JB):          8986441.279
Skew:                           2.564   Prob(JB):                         0.00
Kurtosis:                      45.618   Cond. No.                         1.56
==============================================================================
```

図 2.19 summary() メソッドによる線形回帰モデルの内容表示

表 2.5 ols の結果オブジェクト res のメンバ変数名一覧

変数名	型	内容
回帰係数の推定／評価		
res.params	Series	回帰係数
res.bse	Series	標準誤差
res.tvalues	Series	t 値
res.pvalues	Series	その p 値
回帰モデル全体の推定／評価		
res.nobs	float	観測値数
res.rsquared	np.float64	R^2(決定係数)
res.rsquared_adj	np.float64	補正 R^2
res.mse_resid**(1/2)	np.float64	回帰の標準誤差
res.df_model	float	モデル自由度
res.df_resid	np.float64	残差自由度
res.mse_model	np.float64	モデル MSE
res.mse_resid	np.float64	残差 MSE
res.fvalue	np.float64	分散分析の F 値
res.f_pvalue	np.float64	その p 値
サンプルの推定／評価関連		
res.fittedvalues	Series	推定値
res.resid	Series	残差

以上の結果より，時価総額 (X) とリターン (Y) の関係は，$Y = 1.1809 - 0.4738X$ と推定された。時価総額の単位を 1 兆円にしているので，時価総額が 1 兆円増加するごとに，月次リターンが 0.47% 程度下落することがわかった。t 値から傾きと切片が 0 であるという帰無仮説を 1%の有意水準で棄却することがわかる。

2.5 期待リターンとリスクを計算する

日常会話において「ハイリスク・ハイリターン」という表現を使うことがある。これはリスクが高いこととリターンが高いことは表裏一体の関係にあることを意味している。ただ，日常会話などで競馬などのギャンブルを，ハイリスク・ハイリターンと表現することがあるが，それは誤りである。ハイリターンとは期待リターンが高いことを意味するので，継続的に投資することで，平均的には高いリターンが得られなければならない。株式市場全体に投資しておけば，長期的には預貯金よりも高い平均リターンをもたらしてくれることがわかっており，株式投資はハイリターンである。一方，ギャンブルに長期的に投資するとどうなるだろうか。ギャンブルは主催者が手数料として集金した一部を抜き，残金を勝者に分配する仕組みである。確かに不確実性が高くハイリスクであるが，継続的にギャンブルをすれば，平均的にはリターンは手数料分だけ負になる。あえていうなら，競馬や宝くじなどのギャンブルは，ハイリスク・ハイリターンではなく，ハイリスク・ローリターン (high risk/low return) であるといえよう。

2.5.1 期待リターンを求める

ここで，簡単なゲームの実験結果をみながら，しっかりファイナンスにおける期待リターンとリスクの概念を理解しておこう。

いま，3 本のくじから 1 本を引くというくじ引きゲームを考える。くじの先端には赤，白，黒の色が塗られているとしよう。くじを引く側にはもちろん先端は見えない。さて，このくじ引きゲームであるが，それぞれ賞金がついてくる (表 2.6)。ゲーム A では，赤のくじには 100 万円，白のくじには 50 万円，黒のくじには賞金 0 である。ゲーム B では，赤くじ：70 万円，白くじ：50 万円，

表 2.6　くじ引きゲームのペイオフ

	ゲーム A	ゲーム B	ゲーム C
赤くじ (1/3)	100 万円	70 万円	50 万円
白くじ (1/3)	50 万円	50 万円	50 万円
黒くじ (1/3)	0 万円	30 万円	50 万円

黒くじ：30 万円である。ゲーム C では，赤くじ，白くじ，黒くじとも 50 万円である。

さて，ある授業で筆者らは，80 人の学生に対してこのようなペイオフをもつくじ引きゲームにいくらの参加費を払って参加するかを尋ねてみた。すると，ゲーム A については平均で約 10 万円，ゲーム B については平均で約 35 万円，ゲーム C について平均で約 49 万円という回答を得た。ゲーム A，B，C のどのゲームにおいても賞金の期待値は 50 万円だ。同じ期待ペイオフであるゲームに対して，学生たちは異なる値段をつけたのだ。学生たちはどこに注目して，それぞれのゲームを評価したのだろうか。それは，ペイオフの発生するばらつきである。ペイオフのばらつきが大きいということは，くじによって賞金に大きな差が存在し，不確実性 (リスク) が高いゲームということになる。この不確実性を評価して，10 万円，35 万円，49 万円と値段をつけたのである。こうした，不確実性の分だけ価値を差し引いて考える価格決定メカニズムは，金融市場における価格決定メカニズムと同じである。

学生たちが支払ってもよいと考える参加費から，期待リターンを計算してみよう。もっともリスクの高いゲーム A については 400%{(期待ペイオフ 50 万円) ÷ (参加費 10 万円) − 1} のリターンを求めたことになる。同様にゲーム B については期待リターン 43%，ゲーム C は期待リターン 2% となる。リスクの順番は $A > B > C$ であり，期待リターンの順番は $A > B > C$ であるから，ハイリスクにはハイリターンを求める人間の行動原理が学生の回答に示されている。

わたしたちは不確実性をきらう。したがって，リスクが高い場合は，それだけ期待リターンが高くなければ満足できないのである。満足感を経済学では「効用」とよび，わたしたちの頭の中には不確実性をきらう，「リスク回避的な効用関数」があるのだ。この関数がリスクのある投資に対して割り引いて考え，どの程度であれば参加するかを決定する。その結果計算される期待値からの乖離のことを「リスクプレミアム」[*17] という。株式市場の参加者は皆リスク回避的であるから，高いリスクをもつ事業の株式のリターンは，十分な見返りが期待できる価格でしか取引されない。こう考えると，観察される株価リターンはリスクの関数となっているはずである。

具体的な企業で考えてみよう。市場には電力会社やガス会社のように社会インフラを担う公益企業が存在する。一方，インターネット関連企業やゲーム制作会社のように現在の時流には乗っているものの，今後の環境変化の影響を受けやすいビジネスを営んでいる企業もある。これら 2 つの異なる企業の見返りが同じ (期待リターンが同じ) であれば，あなたが投資家だとすれば，どちらに投資するだろうか？　直感的に，公益企業への投資は比較的安全で，ゲーム制作会社への投資は不確実性が高いとわかる。公益企業であれば未来の収益はある程度の精度で予測可能であり，その変動も少ない。一方，ゲーム制作会社は，商品として売り出すゲームがヒットするかどうかで収益に大きな違いが出てくる。投資家は，見返りが同じであれば，安全な公益企業に投資しようと考えるだろう。すると，同じ価格ではゲーム会社の株式の買い手がいなくなり，株価は下落する。理論的には，ゲーム会社への投資がその事業の不確実性に見合う水準まで下落することになる。結果として，公益企業よりもゲーム会社の方が高い期待リターンをもつことになる。別な言い方をすれば，投資家は公益企業よりもゲーム会社に対して，より高いリスクプレミアムを求めるのだ。

2.5.2　不確実性を測定する

ここで，仮に企業の将来の不確実性は正規分布に従っていると仮定する。こう仮定することで，不確実性の定量化はやりやすくなる。正規分布とは，期待値，最頻値，中央値が一致する左右対称の分布である。リターンが正規分布するのであれば，期待値と標準偏差の 2 つの値を求めることで，将来発生する事象を確率的に表現することができる。図 2.20 に示したのは，期待値を 0，標準偏差を σ としたときの確率密度分布である。確率密度分布であるから，釣り鐘型の形状の面積は 1 (100%) である。将来発生する事象の確率を知りたい場合

[*17] ファイナンスの世界では，期待リターンから無リスク利子率を差し引いた値をリスクプレミアムとよぶ。

は，横軸上の値の幅に該当する釣り鐘の面積を求めれば計算できる。釣り鐘の横方向の大きさは分布のばらつきを表現した標準偏差である。期待値 ±1 標準偏差の範囲に 68.2% の確率で実現することを示しており，期待値 ±2 標準偏差の範囲に 95.4% の確率で実現することを示している。たとえば，ある会社の来期の 1 株当たりの期待キャッシュフローが 100 円だとしよう。来期は 1 株当たりのキャッシュフローは正規分布し，その標準偏差は 10 円だということがわかっているとする。この前提では，図 2.20 に従うと，来期は 1 株当たり 68.2% の確率で 90 円から 110 円のキャッシュフローの幅で推移し，その幅を 80 円から 120 円にすると 95.4% の確率で実現することを示している。このように，正規分布を仮定することができれば，期待値と標準偏差を計算することで将来におこる事象の確率が計算できるのである。ではここで，株式リターンの系列データから株価の期待リターンとリスクを計算してみよう。定義式は (2.16) 式に示すとおりである。

$$\mathrm{E}(R_i) = \sum p_s R_{i,s} \tag{2.16}$$

ただし，$\mathrm{E}(R_i)$ は i 証券の期待リターン，p_s は状態 s が発生する確率，$R_{i,s}$ は i 証券の状態 s におけるリターンである。ここで p_s は状態 s が発生する確率であるが，もちろんその確率は現実のデータから求めることはできない。そこで，実際に株価データをあつかうときには，任意のある一定期間の時系列データから平均値を求めて，それを期待リターンの推定値として考えている。また，標準偏差については，(2.17) 式があらわすとおりだが，この推定についても，任意のある一定期間の時系列データから求めている。

$$\sigma_i = \sqrt{\sum p_s (R_{i,s} - \mathrm{E}(R_i))} \tag{2.17}$$

統計学では，真の期待値は標本から推定し，十分な無作為標本を獲得すれば，中心極限定理によって母集団の分布にかかわらず，狭い範囲で期待値を推定できることが理論的に明らかにされている。しかしながら，ファイナンスの分析をおこなう場合，母集団の推定にはいくつかの留意点がある。

まず，株式リターンの分布は，図 2.20 に示される正規分布 (あるいは対数正規分布) と考えられているが，現実には 100 年に一度などとよばれる危機が頻発する。株式リターンが正規分布するとの仮定には無理があると考える研究者

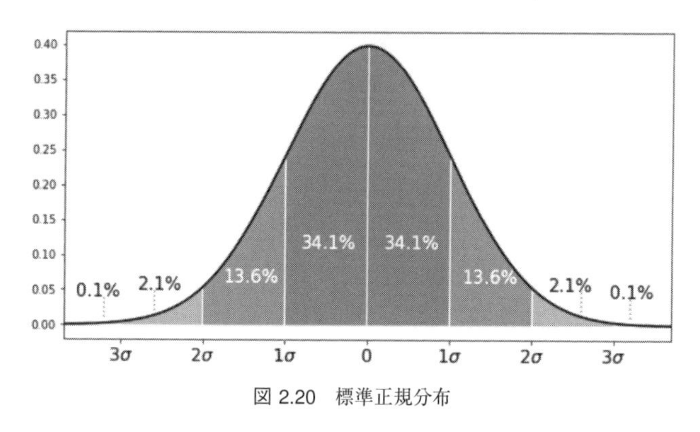

図 2.20 標準正規分布

も存在する。もう 1 つは，真の期待リターン，真の標準偏差 (分散) の推定に伴う困難さである。

統計学では，無作為抽出した十分な数の標本を確保すれば，真の期待値について狭い範囲で推定することが可能となる。しかし，株式の期待リターンは，単に標本をおおく集めればよい (時系列を長くとればよい) というわけにはいかない。企業の場合，その事業内容は，時系列で変化する。任天堂は，以前は花札メーカーであったが，現在では世界的なゲーム企業である。このようなとき，十分な標本を確保するために，花札を製造していた時代の株価リターンを使うことに意味があるだろうか。時々刻々と変化している株式市場については，正確な期待リターンを測定することは概して難しい。また，期待値の推定が難しいのと同様の理由で標準偏差の推定も難しいのである。

この限界を念頭においたうえで，ここでは簡便的に過去のリターンの平均値と標準偏差を期待リターンとリスクの正しい推定値とみなして計算を進めていくことにしよう。ファイナンス理論にもとづくリスクと期待リターンの考え方，また実務的によくもちいられる推定値については 4 章や 5 章で詳細に説明する。

それでは，日次データ `stockDaily.csv` を使って，全銘柄の期待リターンとリスクを求めてみよう。コード 2.21 では，リターン (`return`) の Series データを `ret` にセットしている。この 1 次元データに対して，`mean()` および `std()` を適用することで，過去のリターンの平均値と標準偏差が計算でき，期待リターンとリスクの推定値を求めることができる (9, 10 行目)。さらに，`describe()` メソッドを使えば，平均と標準偏差を含むさまざまな統計量を一度に計算できる (11 行目)。

コード 2.21　全銘柄のリターンの期待値とリスクの計算

```
1  import pandas as pd
2
3  # 日次株価データを読み込み
4  stockDaily = pd.read_csv('./data/stockDaily.csv', parse_dates=['date
       '])
5  stockDaily['date'] = stockDaily['date'].dt.to_period('D')
6
7  # リターン列のみ切り出し,各種統計量を求める。
8  ret = stockDaily['return']
9  print('ret.mean()', ret.mean())
10 print('ret.std()', ret.std())
11 print(ret.describe())
12 ## ret.mean() 0.04066551289344907
13 ## ret.std() 2.9304869696004885
14 ## count    1.200600e+07
15 ## mean     4.066551e-02
16 ## std      2.930487e+00
17 ## min     -9.851632e+01
18 ## 25%     -1.084599e+00
19 ## 50%      0.000000e+00
20 ## 75%      9.900990e-01
21 ## max      5.833333e+02
```

次に，このリターンデータをヒストグラムで描画してみよう。pandas では，Series や DataFrame のメソッド `hist()` を使えば簡単にヒストグラムが描画できる (コード 2.22)。しかし，その結果は図 2.21 左のとおり 1 つの柱が描画されるだけでうまくいかない。これは，データに非常に大きな (もしくは小さな) リターンがいくつか含まれており，それらの異常値に引っ張られて x 軸の範囲が広くなり，一般的なリターンである ±10% の範囲の値すべてが 1 つの階級に入ってしまうためである。

コード 2.22　ヒストグラムの描画

```
1  ax = ret.hist()
```

そこで，リターンを ±10% の範囲に絞り描画したのがコード 2.23 で，その結果が図 2.21 右である。ここでは，`hist()` メソッドで `bins=40` とすることで，階級の数を 40 に設定している (デフォルトは 10)。さらに `density=True` と指定することで，y 軸を頻度ではなく，確率密度にでき，結果として確率分布を得ることができる (すなわち面積の合計が 1 となる)。

コード 2.23 ±10%内のリターンを選択して確率分布を描画

```
1  ret10 = ret[(ret >= -10) & (ret <= 10)]
2  ax = ret10.hist(bins=40, density=True)
```

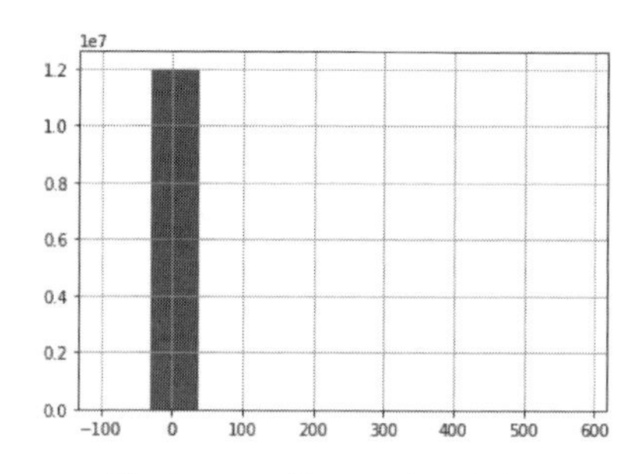

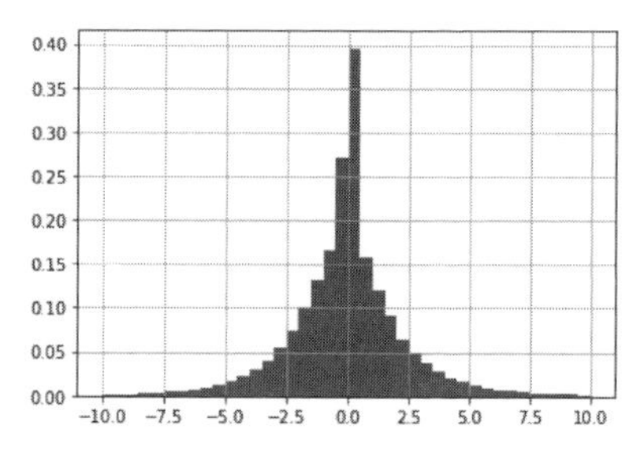

図 2.21 コード 2.22 (左)，およびコード 2.23 (右) で描画されたリターンの確率分布

2.5.3 複数銘柄の期待リターン

前節では，全銘柄の期待リターンについての計算方法について紹介したが，ここでは，銘柄ごとに複数の銘柄を一気に計算する方法についてみていこう。9 つの銘柄 `A0001`〜`A0009` を対象とすることにする。前節ではリターンを Series として作成したが，ここでは銘柄ごとにリターンの Series データを作成し，それらを列とした DataFrame を作成することで，前節と同じメソッドをそのまま適用できるようになる。

このように作成されたデータが図 2.22 に示されており，このデータを作成するスクリプトはコード 2.24 である。このデータは，行ラベルが `date`，列ラベルが `ticker`，そして値が `return` である行列形式の DataFrame である。

この行列データからみれば，もとのデータ `sel` は，行列の各セルの値を，行ラベル/列ラベル/その値，の 3 値の組み合わせとして保存する形式であり，スタック形式 (stacked format) とよばれる。ファイナンスの分析を進めると，最終的に日付を行ラベルとして，列に変数を並べる行列形式がよく利用されるので，スタック形式から行列形式への変換方法はしっかり理解しておくとよい。

そのような目的で利用されるメソッドの 1 つが `pivot()` メソッドである。利用方法はシンプルで，スタック形式のデータから，行ラベル/列ラベル/値の列名を指定すればよい (4 行目)。

	return								
ticker	A0001	A0002	A0003	A0004	A0005	A0006	A0007	A0008	A0009
date									
1991-01-04	-0.884354	NaN	NaN	-1.454469	1.036269	0.820882	NaN	-1.556604	-3.268945
1991-01-07	-0.068634	NaN	NaN	-1.989305	-0.128205	0.027445	NaN	0.574988	0.256016
1991-01-08	-1.030220	NaN	NaN	3.601048	1.604621	0.795683	NaN	-1.191043	1.736466
1991-01-09	-0.277585	NaN	NaN	-2.211923	-2.147821	-1.787497	NaN	-0.192864	-0.853414
1991-01-10	-0.904663	NaN	NaN	-0.603188	-1.678502	-2.697709	NaN	1.835749	0.101266
...	...	...	...	...	...	...	...	...	...

図 2.22 9 つの銘柄 (A0001～A0009) の日別リターン行列

コード 2.24 9 つの銘柄 (A0001～A0009) の日別リターン行列を作成する

```
1  sel = stockDaily[(stockDaily['ticker'] >= 'A0001')
2                  & (stockDaily['ticker'] <= 'A0009')]
3  sel = sel[(sel['return'] >= -10) & (sel['return'] <= 10)]
4  sel = sel[['date', 'ticker', 'return']]
5  matrix = sel.pivot(index='date', columns='ticker', values='return')
6  print(matrix)
```

行列形式のデータができあがれば，後は Series と同様に `mean()`，`std()`，`hist()` といったメソッドを適用すればよい (コード 2.25)。期待リターンとリスクは Series として出力され，確率分布は，図 2.23 のように 9 分割して描画される。なお，`hist()` では，複数の度数分布が 1 枚のキャンバスに分割して描画されるため，`figsize=(10,10)` で全体のサイズを大きく指定している。

コード 2.25 9 つの銘柄の期待リターン，リスク，そして確率分布

```
1  print(matrix.mean()) # 期待リターン
2  # ticker
3  # A0001    0.022280
4  # A0002    0.034349
5  # A0003    0.000798
6  # A0004   -0.071720
7  # A0005   -0.010680
8  # A0006    0.017990
9  # A0007   -0.150385
10 # A0008    0.008216
11 # A0009    0.014154
12 # dtype: float64
13
14 print(matrix.std()) # リスク
15 # ticker
16 # A0001    2.261780
17 # A0002    2.144063
```

```
18  # A0003    2.759499
19  # A0004    2.640076
20  # A0005    2.296740
21  # A0006    2.350154
22  # A0007    2.587772
23  # A0008    2.518283
24  # A0009    2.144699
25  # dtype: float64
26
27  # ヒストグラムの描画
28  ax = matrix.hist(bins=40, figsize=(10, 10), density=True)
```

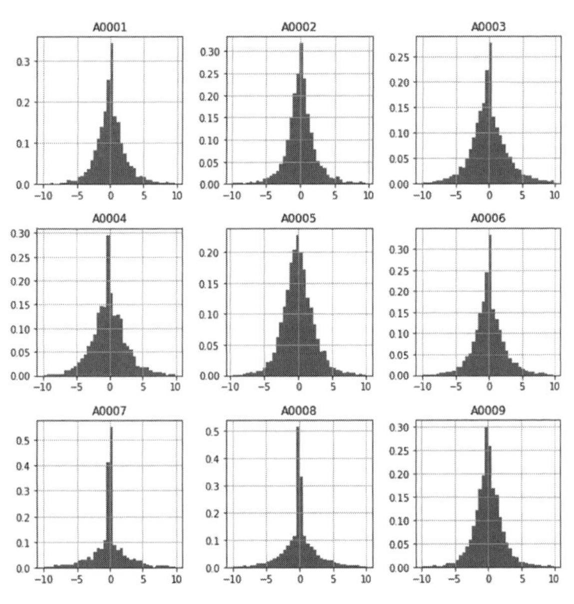

図 2.23　9 つの銘柄のリターンの確率分布

2.6　ポートフォリオ構築の基礎

2.5 節では 1 銘柄のリスクとリターンを考えた。しかし，投資家は 1 銘柄しか保有できないわけではなく，複数銘柄を組み合わせて保有することも可能である。このような複数資産の組み合わせのことをポートフォリオ (portfolio) と

いう [*18)]。本節では，資産を組み合わせること，つまりポートフォリオを構築することの意義を説明する。

2.6.1 ポートフォリオのリターンとリスク

一般に，ポートフォリオは複数の資産からなる。複数というとき，まずは2銘柄の株式から構成されるポートフォリオを考えてみよう [*19)]。いま株式1と株式2から構成されるポートフォリオをポートフォリオ p とし，そのリターンを R_p とすると，R_p は次式で計算される。

$$R_p = w_1 R_1 + w_2 R_2 \tag{2.18}$$

ただし，w_1 と w_2 はそれぞれ株式1と株式2への投資ウェイト，R_1 と R_2 は株式1と株式2のリターンをあらわす。ポートフォリオのリターンは，投資ウェイトに各銘柄のリターンをかけて計算する。このように何らかの値 (ここでは w) で重みを加えて計算する平均を**加重平均**という。

ポートフォリオのリターンの計算方法を数値例で確認しよう。いま，ある投資家が1,000円の株式1を200株と1,000円の株式2を800株購入したとする。株式1に20万円，株式2に80万円投資したため，投資家のポートフォリオ総額は100万円である。ポートフォリオに占める株式1の割合は $w_1 = 20/100$，そして株式2の割合は $w_2 = 80/100$ である。各株式への投資割合を足し合わせると当然100%になるため，$w_1 + w_2 = 1$ を満たす [*20)]。さて，投資から1期後，株式1は800円に値下がりし，株式2は1,100円に値上がりしたとする [*21)]。このとき株式1のリターン R_1 は -20%，株式2のリターン R_2 は $+10\%$ であるため，ポートフォリオのリターン R_p は，$0.2 \times (-20\%) + 0.8 \times (+10\%) = 4\%$ と計算できる。ポートフォリオ全体でみるとプラスのリターンを獲得できたのは，資金のおおくを投資していた株式2が値上がりしたからである。このようにポートフォリオのリターンは組み入れた各銘柄のリターンの大小だけでなく，

---

*18) ポートフォリオとは本来，「書類入れ」を意味する言葉である。

*19) 1銘柄からなるポートフォリオは1銘柄の株式それ自体であり，そのリターンとリスクについてはすでに説明したとおりである。また，ここでは一貫して株式を想定して説明するが，株式以外の資産におき換えて読み進めても差し支えない。

*20) これのみが w_i についての制約条件であり，w_i は正値だけでなく負値も取りうる。なお $w_i < 0$ は空売り (ショート) を意味する。

*21) 簡単のため，ここでは配当を無視する。

各銘柄の組み入れ比率にも影響される。

上の例では，投資家は結果的に4%のリターンを得たが，このポートフォリオに投資することで何%のリターンが得られるかをあらかじめ知ることはできない。ただ，確実に知ることはできないとしても，その平均的なリターンを知ることはできる。

ポートフォリオに投資することで期待できるリターン，すなわちポートフォリオの期待リターン $\mathrm{E}(R_p)$ は，(2.18) 式の両辺の期待値をとった次式で計算される。

$$\mathrm{E}(R_p) = w_1\mathrm{E}(R_1) + w_2\mathrm{E}(R_2) \tag{2.19}$$

投資ウェイト w_1 と w_2 は確率変数ではないため，期待値記号 $\mathrm{E}(\cdot)$ はつかないことに注意してほしい。(2.19) 式の煩雑さを避けるため，$\mathrm{E}(R_p) \equiv \mu_p$，$\mathrm{E}(R_1) \equiv \mu_1$，$\mathrm{E}(R_2) \equiv \mu_2$ として次式のように表現することもできる。

$$\mu_p = w_1\mu_1 + w_2\mu_2 \tag{2.20}$$

このようにポートフォリオの期待リターンは各銘柄の期待リターンの加重平均で計算される。

次にポートフォリオのリスクを考えよう。ポートフォリオのリスクはポートフォリオのリターンの分散 (あるいはその平方根である標準偏差) で定義され，次式で計算される。

$$\sigma^2(R_p) = w_1^2\sigma^2(R_1) + w_2^2\sigma^2(R_2) + 2w_1w_2\mathrm{Cov}(R_1, R_2) \tag{2.21}$$

ただし，$\mathrm{Cov}(R_1, R_2)$ は R_1 と R_2 の共分散 (covariance) であり，$\mathrm{E}[(R_1 - \mathrm{E}(R_1))(R_2 - \mathrm{E}(R_2))]$ で計算される。共分散は2変数の関係性を測る有効な指標であるが，単位に依存するというあつかいにくい部分がある。そのため，共分散を各銘柄の標準偏差で割ることで基準化した**相関係数** (あるいは単に，**相関**：correlation) がよく利用される。相関係数は次式で定義される。

$$\rho_{1,2} = \frac{\mathrm{Cov}(R_1, R_2)}{\sigma(R_1)\sigma(R_2)} \tag{2.22}$$

相関係数は単位に依存しない指標であり，-1 から $+1$ の値をとる。$\rho > 0$ であれば2つの株式の価格が連動することを意味し，正の相関があるという。つまり，株式1が上昇したときに株式2も上昇する傾向がある状況である。逆に

$\rho < 0$ であれば，株式 1 が上昇したときは株式 2 は下落する傾向がある状況であり，負の相関があるという。$\rho = 0$ の場合は無相関といい，2 銘柄間に直線的な関係はないことを意味する [*22)]。

式の煩雑さを避けるため，$\sigma(R_p) \equiv \sigma_p$，$\sigma(R_1) \equiv \sigma_1$，$\sigma(R_2) \equiv \sigma_2$ とし，さらに (2.22) 式を利用して (2.21) 式を書き換えると次式が導出できる。

$$\sigma_p^2 = w_1^2\sigma_1^2 + w_2^2\sigma_2^2 + 2w_1w_2\sigma_1\sigma_2\rho_{1,2} \tag{2.23}$$

では，日次株価データをもちいて銘柄間の相関関係を分析してみよう。コード 2.26 では，まず F0002 と H0122 の株価推移を示す図を描画し，次に corr() メソッドで 2 銘柄の相関係数を計算した後，scatter() メソッドで株式リターンの散布図を描画することで 2 銘柄の価格変動の関係性を視覚的に確認する方法を紹介している。

相関係数を求める対象である 2 銘柄のリターン系列 (return_x と return_y) は，いずれも Series であるが，2 つの Series データ s1 と s2 の相関係数は，s1.corr(s2) の書式で計算することができる。s1 と s2 の長さはいずれも同じでなければならない [*23)]。

コード 2.26　2 銘柄の株価の関係性を分析する

```
1  import pandas as pd
2
3  # 日次データの読み込みと選択
4  stockDaily = pd.read_csv('./data/stockDaily.csv', parse_dates=['date
       '])
5  stockDaily['date'] = stockDaily['date'].dt.to_period('D')
6  stockDaily = stockDaily.set_index('date').sort_index()
7  stockDaily = stockDaily.loc['1991-01':'2014-12', ['ticker', 'close',
       'return']]
8  print(stockDaily)
9
10 # F0002 と H0122 についての初日を 100 としたときの終値の変動
11 close_x = stockDaily[stockDaily['ticker'] == 'F0002']['close']
12 close_y = stockDaily[stockDaily['ticker'] == 'H0122']['close']
```

*22) 相関係数は 2 変数間の直線的な関係をみているにすぎないことに注意する必要がある。無相関だとしても変数間に関係がないとはいえない。たとえば，確率変数 X と Y の間に $Y = X^2$ や $X^2 + Y^2 = 1$ のような非線形の関係があるケースも存在する。

*23) 長さが異なっていてもエラーにはならないが，短い方に長さが揃えられて計算される。また null 値 (NaN) があった場合は，計算結果も NaN となる。それを避けたければ，corr() に min_periods=k を与えることで，少なくとも k ペアが揃っていれば計算可能である。

```
13 stocks = pd.DataFrame({'F0002': close_x / close_x[0] * 100,
14                        'H0122': close_y / close_y[0] * 100})
15 stocks.plot()
16
17 # F0002 と H0122 のリターンの散布図
18 return_x = stockDaily[stockDaily['ticker'] == 'F0002']['return']
19 return_y = stockDaily[stockDaily['ticker'] == 'H0122']['return']
20 corr = return_x.corr(return_y)
21 print('r = %.2f' % corr)  # 相関係数を表示
22 ## r = 0.54
23 stocks = pd.DataFrame({'F0002': return_x, 'H0122': return_y})
24 # s=1は点のサイズ
25 # grid=True でグリッド状にメモリ補助線を描画する
26 # figsize で描画サイズを指定する(インチ,100dpi)
27 ax = stocks.plot.scatter('F0002', 'H0122', xlim=(-20, 20), ylim=(-20,
28                          20), s=1, grid=True, figsize=(4, 4))
29 ax.set_yticks([-20, -10, 0, 10, 20])
```

図 2.24 パネル A は F0002 と H0122 の株価推移である。株価水準が異なる 2 社の株価を比較しやすいように 1991 年 1 月時点の株価を 100 に基準化した。2 社の株価は連動しているようにみえる。パネル B は 2 社のリターンの関係を示している。第 1 象限 (右上) と第 3 象限 (左下) におおくの点がプロットされていることから，F0002 のリターンが高い日は H0122 のリターンも高く，逆に低い日は低いという関係がみられる。実際に相関係数は 0.54 と正の相関があり，2 社のリターンは連動していることがわかる。このように正の相関関係がみられるのはどのような場合だろうか。たとえば F0002 と H0122 が取引関係にある場

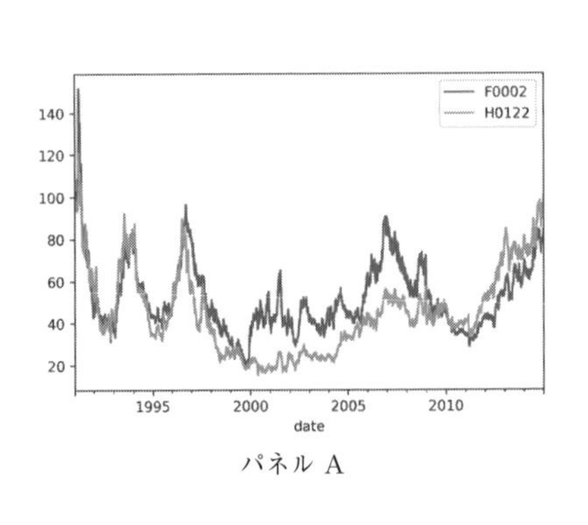

パネル A

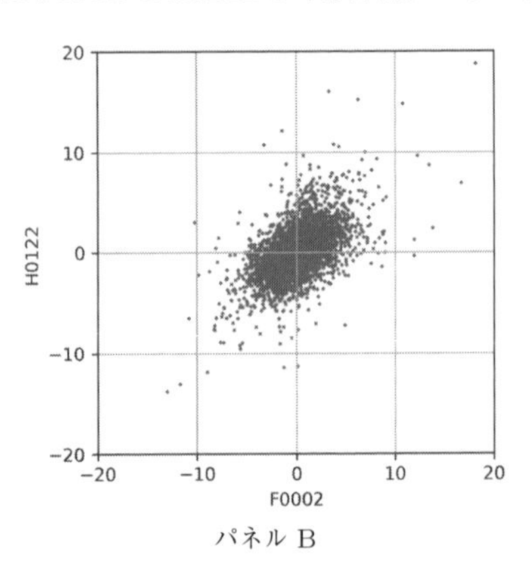

パネル B

図 2.24　F0002 と H0122 の株価の関係

合が考えられる。F0002 はスマートフォンのメーカーであり，H0122 は F0002 にスマートフォンの部品を納入する会社である場合，スマートフォンの販売が好調で F0002 の業績が好調なときは H0122 の業績も好調と予想されるため，2 社の株価連動性は高くなると考えられる。

図 2.25 パネル A は日々の日経平均株価とボラティリティ・インデックス (VXJ) の関係を示している [*24]。ファイナンスでは，リスクやその代替指標であるリターンの分散や標準偏差のことをボラティリティともいう。ボラティリティ・インデックスとは，オプション価格をもとに計算された，市場が期待する将来のボラティリティである。将来の先行きが不透明であるときに上昇する指数であることから「恐怖指数」ともよばれる。過去には 2008 年秋の世界金融危機や 2011 年 3 月の東日本大震災，そして 2020 年 3 月の新型コロナウイルス感染症が世界的に流行し始めた時期に高い水準となっている。このような投資家の恐怖心理が高まるときにリスク資産の売却が活発になり，日経平均株価が大きく下落したと考えられる。パネル B にみられるように，日経平均株価の変化と VXJ の変化の間には負の相関関係 ($\rho = -0.63$) がある。

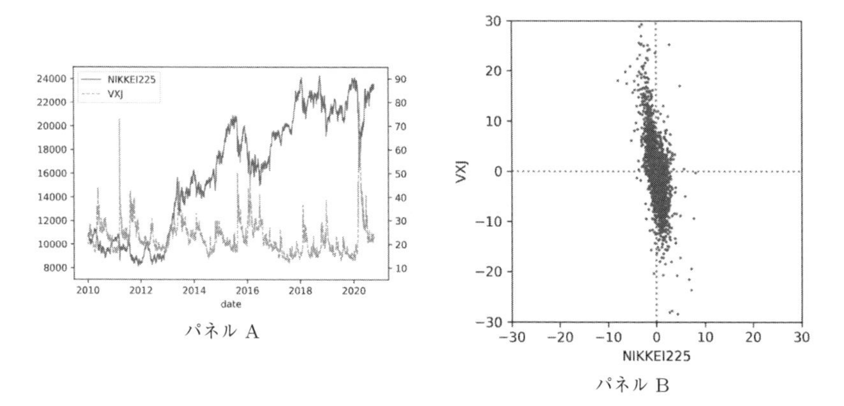

パネル A　パネル B

図 2.25　日経平均株価とボラティリティ・インデックス，2010/01/01-2020/09/30

*24) 大阪大学数理・データ科学教育研究センター (http://www-mmds.sigmath.es.osaka-u.ac.jp/) が算出・公表する日本版ボラティリティ・インデックス (Volatility Index Japan: VXJ) をもちいている。

2.6.2 リスク分散

複数の銘柄に分散投資すると，1 銘柄に集中投資するよりもリターンを一定に保ったままポートフォリオのリスクを小さくできる。以下ではこのリスク分散効果の源泉を探り，そしてどのような株式で (あるいはどのようなときに) リスク分散効果が発揮されるかを説明する。

いま，ローリスク・ローリターンの株式 1 とハイリスク・ハイリターンの株式 2 に分散投資することを考えよう。株式 1 の期待リターンとリスクをそれぞれ 6%と 12%，株式 2 のそれらを 12%と 18%とする。また株式 1 と株式 2 は無相関と仮定する。すると，2 銘柄ポートフォリオの期待リターンとリスクを計算する (2.19) 式と (2.23) 式において，投資ウェイト以外の変数の値は所与であるため，投資ウェイトが決まればポートフォリオの期待リターンとリスクも決まることがわかる。

このことを利用して株式 1 への投資ウェイトを 0〜100%の間で 10%刻みに変化させたときのポートフォリオのリスク・リターン関係を示したのが図 2.26 パネル A である。ローリスク・ローリターンの株式 1 のみに投資するよりも，株式 1 と株式 2 に 70:30 の割合で投資して構築したポートフォリオの方が期待リターンが高く，そのうえリスクが小さいことがわかる。このように分散投資するとリスク・リターンの面で，より魅力的なポートフォリオを構築することが可能になる。

ここでは株式 1 と株式 2 は無相関と仮定したが，相関係数がリスク分散効果に重要な役割を果たす。リスクは非負 ($\sigma_p \geq 0$) であることに注意しつつポートフォリオのリスクをあらわす (2.23) 式を変形し，相関係数によってポートフォリオのリスクにどのような違いが出るか確認してみよう。$\rho = 1$ のときは $\sigma_p = w_1\sigma_1 + w_2\sigma_2$ となり，ポートフォリオのリスクは各銘柄のリスクの加重平均にしかならないが，$\rho = -1$ のときは $\sigma_p = |w_1\sigma_1 - w_2\sigma_2|$ となり，理論上はポートフォリオのリスクをゼロにする投資ウェイトが存在する。$\rho = 0$ のときは $\sigma_p = \sqrt{w_1^2\sigma_1^2 + w_2^2\sigma_2^2}$ の曲線になる [*25]。これらの関係を図示したものが図 2.26 パネル B である。銘柄間の相関が低いほどリスク分散効果は大きくなることがわかる。

[*25] 計算過程は省略する。

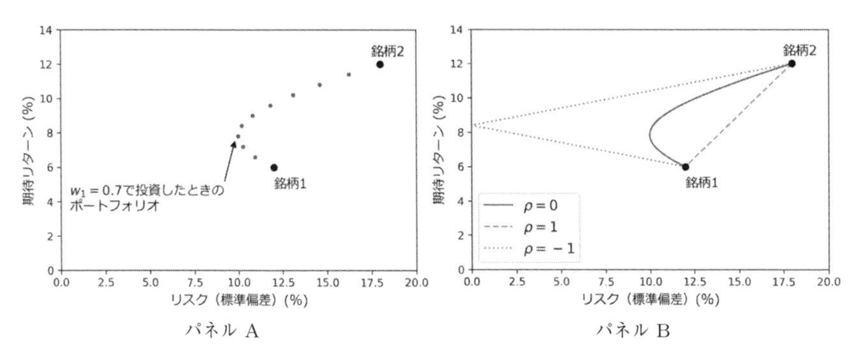

パネル A　　　パネル B

図 2.26　2 銘柄ポートフォリオのリスクとリターン

それでは，`stockDaily.csv` をもちいて複数銘柄間の相関を計算する演習をしてみよう。コード 2.27 では，4 銘柄 (B0002，B0004，B0015，B0030) の全組み合わせで散布図を描画し，相関係数を計算する方法を紹介している。

まず，5 行目の `pivot()` メソッドは，コード 2.24 で解説したように，スタック形式の表を行列形式の表に変換している。ただし，`pivot()` を適用する対象である `tickers` に行ラベル (`date`) が設定されている点が異なる。このように行ラベルが設定された DataFrame の場合，`index=`を省略すると行ラベルがもちいられる。よって，ここでは `index=`を指定していない。結果として，行に `date`，列に `ticker`，そして値に `return` をもつ行列が DataFrame として得られる。このようにして得られた DataFrame に `corr()` を適用することで相関係数を計算している。コード 2.26 では，Series 同士の相関係数の求め方を紹介したが，DataFrame に対して `corr()` を実行すると，列を系列とみなして，全列の全ペアの相関行列が作成される。

また，散布図行列 (図 2.27) の描画には `pd.plotting.scatter_matrix()` をもちいている [*26)]。`s=1` で点のサイズを指定し，`figsize=`でキャンバスのサイズを指定している。

コード 2.27　複数銘柄の全組み合わせで散布図を描画する

```
1  # 散布図行列: 選択した複数銘柄の全組み合わせで散布図を描画
2  targets = ['B0002', 'B0004', 'B0015', 'B0030']
3  tickers = stockDaily[stockDaily['ticker'].isin(targets)]  #
```

*26)　ここまでに紹介してきた `plot()` では，折れ線チャートや散布図などの基本的なチャートの描画メソッドが揃えられているが，`pd.plotting` では，より特殊用途の視覚化をおこなうメソッドが揃えられている。

```
      ticker を選択
4  # 行をdate, 列を ticker, 値を return としたピボットテーブルの作成
5  cross = tickers.pivot(columns='ticker', values='return')
6  # 相関行列の計算/表示
7  corr = cross.corr()
8  print(corr)
9  ## ticker     B0002     B0004     B0015     B0030
10 ## ticker
11 ## B0002   1.000000  0.120526  0.111949  0.124865
12 ## B0004   0.120526  1.000000  0.434834  0.460028
13 ## B0015   0.111949  0.434834  1.000000  0.433123
14 ## B0030   0.124865  0.460028  0.433123  1.000000
15 ax = pd.plotting.scatter_matrix(cross, s=1, figsize=(10, 10))
```

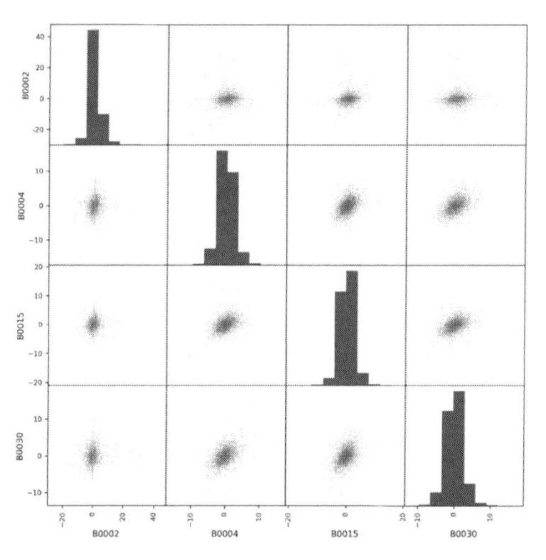

図 2.27　複数銘柄の散布図行列

2.6.3　銘柄数をさらに増やす

ここまで2つの株式からなるポートフォリオを考えてきた。しかし1つの株式に限定する必要がないように，2つの株式に限定する必要もない。トヨタ自動車と任天堂という2銘柄ポートフォリオに，新たにソニーを加えて3銘柄のポートフォリオを構築することも可能である。このように既存のポートフォリオに株式を次々に組み入れていくと，ポートフォリオのリスクとリターンはどのように変化するだろうか。

いま，図 2.26 で考えた株式 1 と株式 2 に同じ金額を投資して構築したポートフォリオ (これをポートフォリオ q とよぶことにする) に，新たに株式 3 を組み入れるとしよう。株式 3 の期待リターンは 3%，リスクは 12%とし，銘柄間に相関はないものと仮定する。以上の設定をリスク・リターン平面に描いたものが図 2.28 パネル A である。ポートフォリオ q と株式 3 を組み合わせて新たなポートフォリオを構築することができる。株式 3 の投資ウェイトを 0%から 100%まで徐々に増やしていくと (ポートフォリオ q の投資ウェイトは 100%から 0%まで徐々に減らしていくと)，図 2.28 パネル B が描ける。

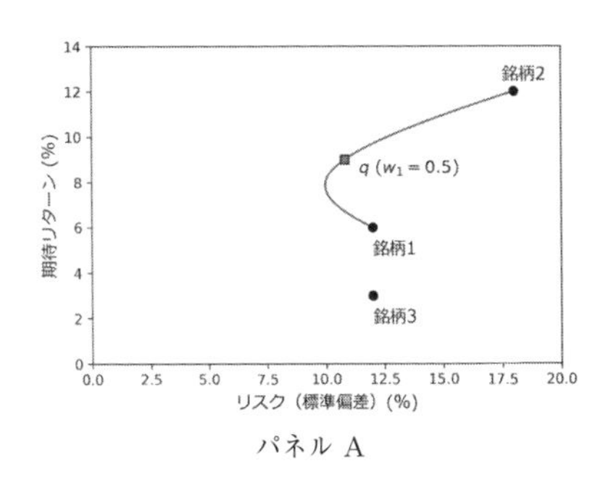

パネル A

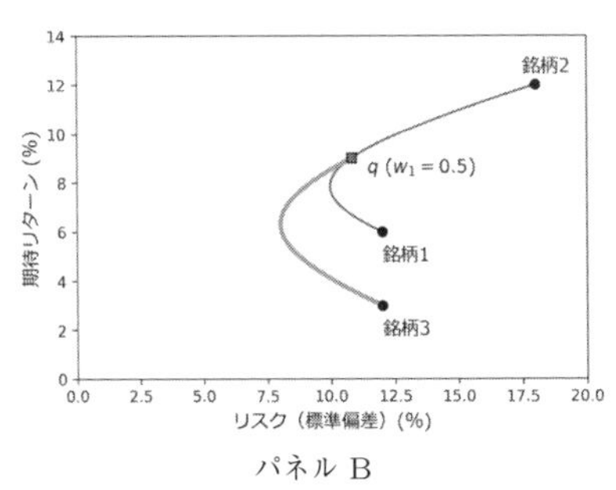

パネル B

図 2.28　3 銘柄ポートフォリオのリスクとリターン

ここでは次の点に注目してほしい。株式 3 は株式 1 とリスクは同じであるが，株式 1 より低いリターンしか期待できない。しかし，この株式 3 をポートフォリオ q に組み入れることで，同じ期待リターンでもリスクがより小さいポートフォリオを構築することが可能になる。

同じ要領でポートフォリオに組み入れる銘柄数をさらに増やしていくと，ポートフォリオ全体のリスクとリターンの実現可能な組み合わせはさらに増え，投資可能な領域は曲線上から，やがては集合になる。この集合を**投資機会集合** (または投資可能集合) という。投資機会集合に含まれるどのようなポートフォリオでも，各銘柄の投資ウェイトを調整することで構築可能である。図 2.29 は，新たに株式 4 と株式 5 を加えた 5 銘柄ポートフォリオの投資機会集合を示している。ポートフォリオに組み入れる銘柄数を増やすと，同じ期待リターンでもリスクがより低いポートフォリオ (あるいは同じリスクでも期待リターンがより高いポートフォリオ) を構築することが可能になることがわかるだろう。たとえば，8%の期待リターンを得るには，株式 4 という 1 銘柄のみに投資するよりも株式 1，株式 2，株式 3，株式 4 そして株式 5 からなる 5 銘柄ポートフォリオに投資する方がより低いリスクでそれを達成できる。同様に，12%のリスクのもとでは株式 3 に投資するよりも株式 1 に投資する方が高い期待リターンを達成できるが，株式 1 と 3，さらには株式 2，4，5 と 5 銘柄に分散投資すればより高いリターンが期待できる。

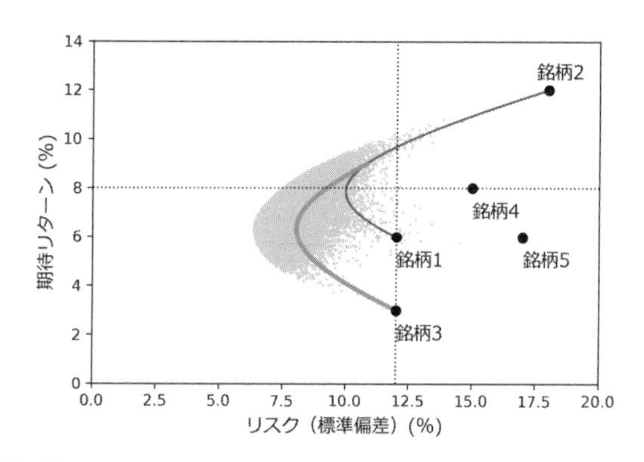

図 2.29　銘柄数の増加と投資機会集合の変化。5 銘柄への投資ウェイトについて，$w_1 + w_2 + w_3 + w_4 + w_5 = 1$ かつ $w_i \geq 0$ を制約にランダムに 50,000 回生成してポートフォリオを構築した。

ここまで分散投資によってリスク低減効果が働くことをみてきたが，ポートフォリオに組み入れる銘柄数を限りなく増やしたとしても，残念ながらポートフォリオのリスクを完全に消すことはできない。ポートフォリオに組み入れる銘柄がある程度の数に達すると，それ以上増やしても分散効果がほとんど働かない状態に達する。分散投資によって低減できるリスクを固有リスク (イディオシンクラティックリスク) とよぶ。一方，いくら分散投資しても低減できないリスクを市場リスク (システマティックリスク) とよぶ [*27]。新薬開発などの投資プロジェクトの成功や失敗は固有リスク，2020 年頃から世界的に猛威をふるった新型コロナウイルス感染症の拡大は市場リスクといえるだろう。

[*27] これらのリスクにはほかにもさまざまなよび方がある。固有リスクは，ユニークリスク (unique risk)，非市場リスク (nonsystematic risk)，分散可能リスク (diversifiable risk) ともよばれる。市場リスクは分散不可能リスク (undiversifiable risk) ともよばれる。

2.6.4 効率的フロンティア

2020年3月末時点で日本の株式市場に限定しても約3,700銘柄が売買されている[*28)]。このように多数の株式の中からどのように銘柄を選択し，ポートフォリオを構築すればよいだろうか。ポートフォリオにどの株式をどれだけ組み入れるかをポートフォリオ選択という。

リスク回避的な投資家は，同じリターンが期待できるのであれば，なるべく低いリスクでそれを実現することを好み，リスクが同じであればなるべく高いリターンを得たいと思うはずである。投資家は投資機会集合に含まれるどのようなポートフォリオにも投資できるが，上述のような投資家にとって好ましい選択は，任意のリスクのもとで最大の期待リターンをもたらすポートフォリオということになる。そのようなポートフォリオををなぞったもの (点を結んで線にしたもの) を効率的フロンティア (または有効フロンティア：efficient frontier) とよぶ。図 2.30 にこの様子を図示している。グローバル最小分散ポートフォリオとよばれる投資機会集合の中でもっともリスクが小さいポートフォリオ (図ではひし形で示している) から期待できるリターンより低い期待リターンをもたらす範囲では，同じリスクでより高い期待リターンが得られるポートフォリオがほかに存在するため，投資家はそのようなポートフォリオ (点線部分) を選択しない。

効率的フロンティア上にはローリスク・ローリターンのものから，ミドルリス

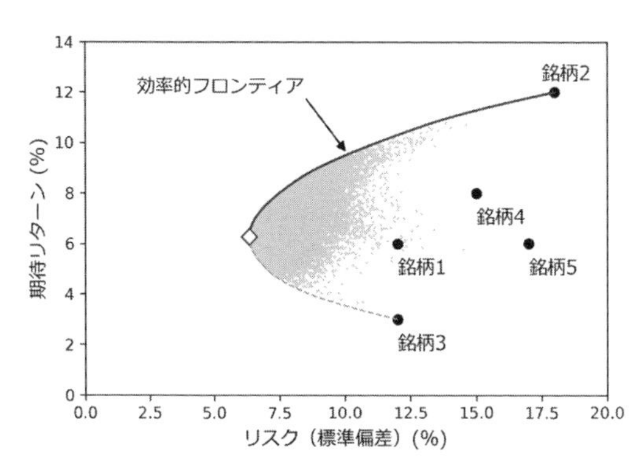

図 2.30 5つのリスク資産からなる効率的フロンティア

---

*28) 日本取引所グループのホームページ (`https://www.jpx.co.jp/listing/co/index.html`) で日々の上場銘柄数を確認できる。

ク・ミドルリターン，ハイリスク・ハイリターンのものまで多数のポートフォリオが存在する。このうちどれが投資家にとって最適なポートフォリオなのかという最適ポートフォリオ選択問題を解くには，投資家のリスク回避度とあわせて考える必要がある。リスク回避度は投資家ごとに違うため，最適ポートフォリオも投資家ごとに異なるのである [*29)]。

2.6.5 無リスク資産を含めたときの効率的フロンティア

ここまでリスク資産のみでポートフォリオを構築することを考えてきたが，世の中にはリスク資産のほかに**無リスク資産**(または安全資産) も存在する。無リスク資産とは，リスクがない (つまり，標準偏差が 0 と想定されている) 資産のことである。具体的には，国債である。無リスク資産のリターンを**無リスク利子率** (または，リスクフリーレート) という。リスク・リターン平面に無リスク資産を書き込むと，標準偏差が 0 のライン上に位置する。

無リスク資産と任意のリスク資産ポートフォリオで構築するポートフォリオのリスクと期待リターンを求めてみよう。リスク資産のリスクと期待リターンを $(\sigma_{Risk}, \mu_{Risk})$，無リスク資産のリターンを R_F，リスク資産の投資ウェイトを w とすると，ポートフォリオの期待リターン μ とリスク σ は以下のようになる。

期待リターン：

$$\mu = w\mu_{Risk} + (1-w)R_F \tag{2.24}$$

リスク (標準偏差)：

$$\begin{aligned} \sigma^2 &= w^2\sigma^2_{Risk} + (1-w)^2 \times 0 + 2\rho_{1,2}w(1-w)\sigma_{Risk} \times 0 \\ &= w^2\sigma^2_{Risk} \\ \sigma &= w\sigma_{Risk} \end{aligned} \tag{2.25}$$

(2.24), (2.25) 式から w を消去すると，

$$\mu = \frac{\mu_{Risk} - R_F}{\sigma_{Risk}}\sigma + R_F \tag{2.26}$$

---

*29) リスク回避的な投資家を仮定すれば，最適ポートフォリオはそれぞれの投資家の無差別曲線と効率的フロンティアの接点ということになる。

となり，これは切片 R_F，傾き $(\mu_{Risk} - R_F)/\sigma_{Risk}$ の直線をあらわす。直線の傾きは，リスク (標準偏差) 1 単位に対するリスクプレミアムの比率をあらわしており，**シャープレシオ** (Sharpe ratio) という。この直線上のどのようなポートフォリオでも構築することが可能であるため，無リスク資産が存在する場合，リスク資産のみのときの投資機会集合よりも広範囲の領域を選択できることがわかる。

投資機会集合が拡大するにともない，効率的フロンティアも変化する。無リスク資産を導入した場合，無リスク資産から，リスク資産のみの場合の効率的フロンティアに引いた接線が新たな効率的フロンティアとなる。そして，このときの接点を**接点ポートフォリオ** (tangent portfolio) とよぶ [*30]。接点ポートフォリオのシャープレシオは，他のどのポートフォリオのシャープレシオよりも高い。この様子を図 2.31 に示している。

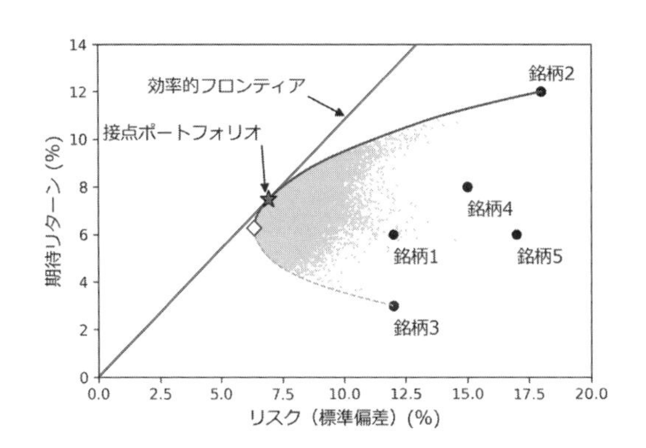

図 2.31　5 つのリスク資産と無リスク資産からなる効率的フロンティア。ここでは $R_F = 0$ を仮定している。

効率的フロンティアが変化したため，投資家の最適ポートフォリオも変化する。無リスク資産を導入した場合，投資家はより高い期待効用が得られる新たな効率的フロンティア上のポートフォリオを選択する。

---

*30)　ある仮定のもとでは接点ポートフォリオがマーケットポートフォリオとなる。詳細は 4.7 節を参照されたい。

2.6.6 時価総額加重と等加重ポートフォリオ

以上でみたように，ポートフォリオの構築方法は投資パフォーマンスに影響を与える。どの銘柄をどのような比率でポートフォリオに組み入れるかによってパフォーマンスは異なってくる。各銘柄の組み入れ方には基本的に 2 通りの方法がある。等加重ポートフォリオ (equal-weighted portfolio) と時価総額加重ポートフォリオ (value-weighted portfolio) である。等加重ポートフォリオは，組み入れ銘柄に等しい額ずつ投資して構築するポートフォリオである。ポートフォリオに N 銘柄を組み入れるとすれば，各銘柄への投資ウェイトは全銘柄等しく $1/N$ となる。

時価総額加重とは各銘柄の時価総額で重み付けしてポートフォリオを構築する方法である。たとえば，時価総額 200 億円の株式 A と時価総額 800 億円の株式 B (それぞれ 1 単元) に投資することを考えたとき，株式 A に 0.2 と株式 B に 0.8 の割合で投資してポートフォリオを構築する。このことからわかるように，時価総額加重で構築したポートフォリオのリターンは，大型株 (時価総額が大きい株式) のリターンの影響を強く受けることになる。S&P500 インデックスは，米国の主要 500 社から構成される時価総額加重ポートフォリオである。TOPIX (東証株価指数) は，東証 1 部上場銘柄の時価総額加重ポートフォリオである [*31)]。

章 末 問 題

(1) 4 つの銘柄 A0001，B0001，C0001，D0001 の 2013 年 1 月 1 日から 2013 年 12 月 31 日までの日次データを使って，以下の問題を解いてみよう。
  - (a) 4 本値と出来高を選択してみよう。
  - (b) 日次株価データ系列を日次リターンデータ系列に変換してみよう。
  - (c) 問題 (1)(a) の選択の後，4 銘柄のローソク足チャートを縦に並べて描画してみよう。

(2) コード 2.10 をふまえて，次の問題を解いてみよう。
  - (a) ゴールデンクロスとデッドクロスがおこった日の一覧を作成してみよう。
  - (b) 短期の期間 13 日，中長期の期間を 26 日にして問題 (2)(a) と同様の一覧を作成し，ゴールデンクロスとデッドクロスがおこる頻度を比較してみよう。

---

*31) これが，これらの指数が CAPM (4.7 節参照) のベータを推定する際のマーケットポートフォリオの代理指数として使用される理由である。

(3) 2001年1月から2010年12月までの月次データを使って，以下の問題を解いてみよう。

(a) G0013とZ0137の月次株価データから平均リターンと標準偏差を計算して，比較してみよう。何がいえるか考えてみよう。

(b) 全銘柄の月次リターンの平均値を計算し，高いものから順番に並べてみよう。

(c) 全銘柄の月次リターンの標準偏差を計算し，低いものから順番に並べてみよう。

(4) B0015とO0087の月次株価データをもちいて，B0015への投資ウェイトを0%から100%まで10%刻みで変化させたときのB0015とO0087からなるポートフォリオのリスク・リターン関係をscatter()メソッドを利用して描いてみよう。

Chapter 3
ファイナンスのパラダイム

2 章で，基本的な株価データのあつかい方を紹介したが，ファイナンスにおいて，やみくもにデータ解析をおこなう危険性については 1 章でふれたとおりである。本章ではファイナンス理論が依拠している根本的な考え方 (パラダイム) を整理し，理論的枠組みの中でデータ解析をおこなうための基礎的知識を紹介する。

まず，さまざまなファイナンス理論の前提となる市場の効率性 (または効率的市場) という概念を説明する。市場は効率的であるとする見方を効率的市場仮説とよぶが，1980 年代以降，現実の株式市場ではこの仮説に反する現象が散見されるようになる。このように効率的市場仮説では説明できない現象をアノマリーとよぶ。これまでに発見されているおおくのアノマリーの中から代表的ないくつかのアノマリーを紹介する。そしてこの流れの中で，既存のファイナンス理論では説明が困難な現象を説明するために新たに台頭したアプローチとして行動ファイナンスを説明する。

3.1 効率的市場仮説

本書の読者であれば「株価は予測可能か」という問いに関心があるのではないだろうか。この問いを考えるにあたり，まずは市場の効率性という概念から説明しよう。効率的市場とは，価格がすべての利用可能な情報を完全に織り込んでいる市場をいう[2)]。市場が効率的であれば，株価はファンダメンタルバリューで均衡し，リスクに見合う以上のリターンを得ることはできない。この仮説を**効率的市場仮説** (efficient markets hypothesis: EMH) という。なお，ファンダメンタルバリューとは平たくいえば，その株式がもつ「真の価値」のことであり，将来の期待キャッシュフローの現在価値で計算される。詳細は 4 章で説明する。

3.1.1 効率性の3分類

市場の効率性は価格に織り込まれる情報に応じて3つに分類される。ウィーク・フォーム (weak form)，セミストロング・フォーム (semi-strong form)，そしてストロング・フォーム (strong form) である。

■ ウィーク・フォーム　まずウィーク・フォームとは，現在の価格は過去の価格やリターンに関する情報を完全に織り込んでいることをいう。これが意味するのは，過去の価格変動のパターンを利用して将来の価格を予測できない，ということである。ウィーク・フォームの効率性を検証するには，過去と現在のリターンの関係を調べるという方法がある。仮に昨日下落した株式は今日上昇しやすいというパターンが存在するとしよう。昨日のリターン R_{t-1} を横軸に，今日のリターン R_t を縦軸にとると，連続した2日間のリターンの関係をあらわす点は，第2象限 (左上) と第4象限 (右下) におおく，第1象限 (右上) と第3象限 (左下) には少ないはずである。逆にリターンにそのようなパターンがなければ，点の散らばりに偏りはないはずである。

図3.1ではこの単純なパターンの有無をトヨタ自動車の日次株価データをもちいて検証した。図中の各点は連続した日々の株価変動の関係をあらわす。点の分布に偏りはなく，連続した2日間の株価変動は実質的には関係がないことがわかる [*1]

より複雑なパターンを考えてもよい。たとえば，2日連続で下落すれば3日目には反発しやすいと考えたとしよう。もしそのようなパターンが存在するのであれば，3日目を待たずして2日目には株価は上昇し，パターンは消滅するだろう。このような日次の価格系列のみならず，週次や月次といったより長期の価格系列をもちいた検証もおこなわれている。

株式市場がウィーク・フォームで効率的であれば，過去のいかなる価格情報も現在の株価に織り込まれているわけだから，2.2節で学んだようなテクニカ

---

*1) 昨日のリターンと今日のリターンとの相関係数 (特にこれをリターンの自己相関係数という) を計算すれば，「関係がない」ことをより正確に検証できる。トヨタ自動車のリターンの自己相関係数は 0.018 であり，今日の株価から明日の株価を予測することは不可能といえるだろう。相関係数については 2.6 節を参照。

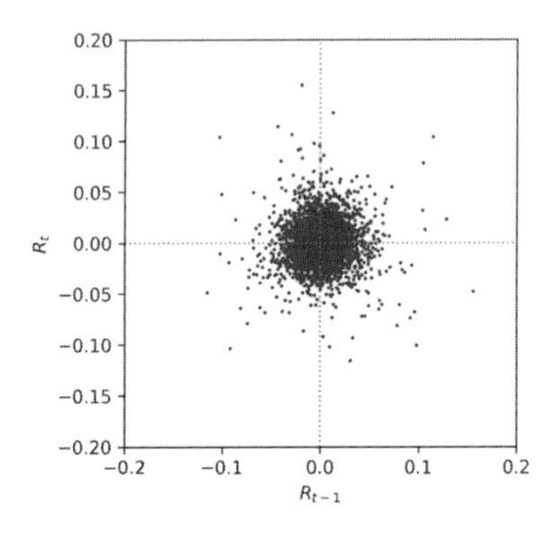

図 3.1　トヨタ自動車の連続した日次リターンの関係，2000/01/01-2020/03/31

ル分析をおこなっても平均的にリスクに見合う以上のリターンを得ることはできない。

■ セミストロング・フォーム　次にセミストロング・フォームの効率性とは，現在の株価は公開情報がすべて織り込まれて形成されているため，公開情報をもちいて売買をおこなっても平均的に利益をあげることはできないという主張である。市場がセミストロング・フォームで効率的であれば，ニュース公表後，価格はただちにファンダメンタルバリューとなり，その水準にとどまるはずである。情報に対して株価が過小反応や過剰反応することはない。また，すでに公表された情報が別の媒体で再び公表されたとしても，その情報はすでに価格に織り込まれているのだから価格は反応しないはずである。

ニュースに対して株価がどの程度迅速かつ適切に反応するかを計測する手法として，ファイナンスでは古くからイベントスタディ (event studies) が利用されている。イベントスタディの基本的な考え方は次のとおりである。まず合併・買収や決算発表などのイベント (出来事) を定義し，もしそのイベントがなかった場合に観察されるであろうリターン (正常リターン) をモデルから推計する。そして正常リターンとイベント日における実際のリターン (実現リターン) との差は，イベントによる株価への影響によりもたらされたと考える。このように実現リターンと正常リターンの差をもちいる理由は，株式のリスクを調整する必要があるからである。リスクを調整しなければ，高いリターンは単に高いリスクに対する報酬 (リスクプレミアム) にすぎないのか，あるいは市場を打ち負かした証拠なのかを区別できない。これまでにおこなわれたイベントスタディをもちいた数多くの研究は，イベント (のニュース) に対する株価反応を調べて情報が価格に織り込まれるスピードを計測している。それらの研究によると，ニュースに対して株価は瞬時に反応し調整は一瞬である。ニュースが公表されてから数分以内におおむね価格調整が完了しているようだ。

企業が公開する (さらには企業に関する) あらゆる情報を使っておこなう分析をファンダメンタル分析という [*2)]。株式市場がセミストロング・フォームで効率的であれば，そのような分析にもとづき売買をおこなっても投資家は平均的にリスク以上のリターンを獲得することは困難である [*3)]。なぜなら効率的市場では，あなたが分析して見つけた将来有望株 (将来株価が上昇すると予想される銘柄) はすでにほかの誰かが見つけて購入しているため，あなたが買うころにはすでに適切な株価になっているからだ。世の中には公開情報にもとづき，顧客である投資家に売買すべき銘柄を推奨することを生業にする専門家がいるが，このような市場においては彼／彼女らのはなしに耳を傾ける (さらにいえば，そのようなはなしにお金を払う) べきか，よく考える必要があるだろう。

■ **ストロング・フォーム**　最後にストロング・フォームの効率性とは，価格は公開情報だけでなくインサイダー情報などの非公開情報も織り込んで形成されているという主張である。この主張を検証するためには，非公開情報にもとづく売買から利益をあげることができるかを調べればよい。報告されている実証研究の結果は，非公開情報を利用してリスクに見合う以上のリターンが獲得できるという見方を支持している。

3.1.2 効率的市場への挑戦

1980 年代初期までの数多くの実証研究が株式市場をはじめとする証券市場の効率性を支持する結果を提示してきた。しかし 1980 年代以降，既存のファイナンス理論およびその前提である効率的市場仮説では説明がつかない現象が次々と発見されるようになる。これらの現象をアノマリー (anomaly) とよぶ。アノマリーとは「例外・変則・不合理・異常」を意味する単語である。

ここでは，これまでに報告されているアノマリーの中から代表的なものを紹

---

*2) ファンダメンタル分析については 4 章で学ぶ。

*3) リスクに見合うリターンが期待できるというのは，2.5 節のくじ引きゲームの話を思い出してほしい。

介しよう。

- **小型株効果 (規模効果)**：企業が発行する株式数に現在の株価をかけて算出する値を時価総額という。この時価総額をその企業の規模とみなしたとき，企業規模の小さい株式 (小型株) は，大きい株式 (大型株) よりも平均的にリターンが高い傾向がみられる。
- **バリュー効果**：簿価時価比率 *4) の高い株式 (バリュー株) は，低い株式 (グロース株) よりもリターンが高い傾向がみられる。バリュー効果は長期にわたり観察されている。図 3.2 は米国市場におけるバリュー株のプレミアムの推移である。プレミアムが 0 を下回る期間がわずかにあるものの，おおむねプラスのプレミアムを獲得できている。

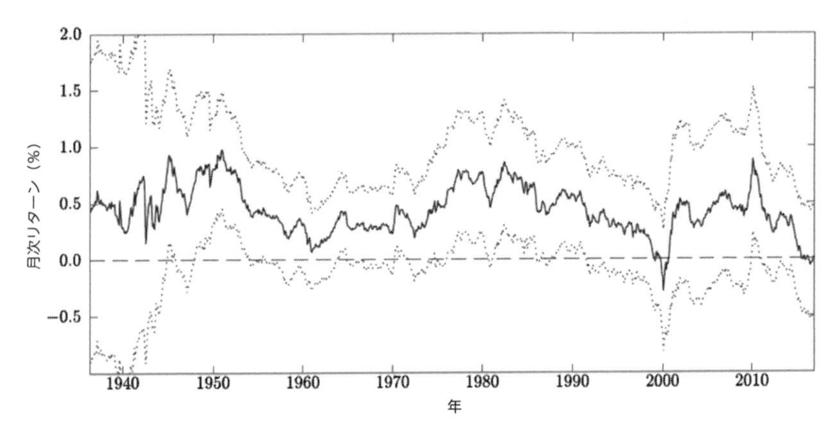

図 3.2 グロース株をショートし，バリュー株をロングした場合の平均月次リターンの推移。Linnainmaa and Roberts (2018)[5] を改変。実線は 10 年間の移動平均，実線の上下の点線は 95%信頼区間をあらわす。

- **モメンタム**：過去に低いリターンの銘柄 (負け組) をショートし，高いリターンを上げた銘柄 (勝ち組) をロングするロング・ショート戦略からリスクに見合う以上のリターンが得られる。平たくいえば，過去パフォーマンスのよかった (わるかった) 銘柄は，その後も堅調 (軟調) なパフォーマンスが持続するということである。ここでいう「過去」と「その後」とはどの程度の期間だろうか。モメンタム研究の嚆矢である Jegadeesh and Titman

---

*4) 詳細は，4. 4 節を参照。

(1993)[3] が報告するところによると，米国では過去 12 ヶ月のパフォーマンスから勝ち組と負け組を分類し，その後 3 ヶ月のロング・ショート戦略から高いリターンが得られるようである。モメンタムは世界中の株式市場で観察されているが，日本や韓国をはじめとするいくつかのアジアの国々では観察されないことが知られている。日本ではモメンタムは観察されない代わりに，過去にリターンがよかった株式はその後のリターンが悪いというリターンの反転 (リバーサル) がみられるとの報告がある。

そのほかにも数多くのアノマリーが発見されている。たとえば，他の月に比べて 1 月は特にリターンが高くなるという 1 月効果などが知られている。日本の株式市場では，1 年のうちの前半 (1〜6 月) の主要インデックスの月次リターンは高く，後半は低くなるという傾向がある。このようなリターンの季節性は個別銘柄レベルでも報告されている。

3.1.3 効率性検証の困難

アノマリーの存在は市場が非効率的であることを示しているのかもしれない。一方で，アノマリーにみえる現象は何らかのリスクを反映したものにすぎない可能性もある。モデルで説明できない株価の変動パターンを発見したとしても，それは市場が非効率なのか，あるいはリスク調整にもちいたモデルが不適切だったのかを判断することは，おおくの場合困難である。このように定かではない 2 つのことを同時に検証する困難性を**複合仮説問題** (joint-hypothesis problem) とよぶ。規模効果やバリュー効果は理論的に説明が困難であるが，これらの結果から市場の非効率性が原因であると結論付けることはできず，モデルの誤りである可能性が残る。

ただ，モデルが適切か否かを問わないアノマリーも存在する。双子証券の例が有名である。双子証券とは，まったく同じキャッシュフロー請求権をもちながら，別々に取引される 2 つの株式のことである。1970 年にオランダのロイヤル・ダッチ・ペトロリアム社と英国のシェル・トランスポート&トレーディング社は，以後のすべてのキャッシュフローを両者が 60%対 40%の比率でわけることで合併したが，両者は引き続き市場で取引された。株価がファンダメンタルバリューを反映したものであれば，ロイヤル・ダッチの株価は常にシェルの株価の 1.5 倍 (= 60/40) になるはずであるが，実際にはこの比率からは大きく乖離し，ミスプライシングは長期にわたり観察された。2つの株式は完全な代替証券 (substitute securities) であるから，取引コストを考慮した後で同じものに異なる価格がつくことはないという一物一価の法則 (law of one price) が破られている。価格の違いをいかなるファンダメンタルバリューでも説明できず，効率的市場仮説では説明が困難な事例である。

3.2 行動ファイナンス

アノマリーの存在は市場の効率性に対する疑義とモデルが現実の資産価格をうまく記述できていないことを指摘するものであった。そこで，アノマリーを説明する新たな学問領域として行動ファイナンスが発展することになる。行動ファイナンスは，伝統的ファイナンスとは異なる新たな枠組みでアノマリーに対峙した。

伝統的な経済学やファイナンスでは，いくつかの核となる仮定をおき，その仮定のもとで理論を展開する。伝統的ファイナンスにおいて投資の意思決定をおこなうのは，利己的で合理的な主体，すなわち合理的経済人 (ホモ・エコノミカス) であるとする仮定はその1つである。しかし，合理的経済人にもとづくモデルでは現実の人間行動のすべてをうまく説明できるわけではなく，行動ファイナンスは伝統的ファイナンスの仮定に疑問を投げかける。

行動ファイナンスでは，人間行動のバイアスが資産価格に与える影響に注目する。人間の認知能力には限界があるとする見方を**限定合理性** (bounded rationality) という。人間が意思決定に費やせる時間や思考力には限界があると同時に，計算・情報処理能力，論理展開能力，記憶力にも限界がある。そのため人間は合理的経済人がおこなうような意思決定をすることはできず，限られた情報のみを使い手っ取り早い方法で，経験則あるいは直感にもとづいた意思決定をおこなう。このような経験則や直感にもとづく判断のことを**ヒューリスティックス** (heuristics) とよび，ヒューリスティックスに頼った人間の判断は，ときにシステマティックなエラー (これを**バイアス**とよぶ) につながる [*5)]。

---

*5) ヒューリスティックスの例やそれらが投資行動に与える影響については，榊原ほか (2010)[1] を参照されたい。

3.2.1 裁定取引の限界

現実の人間は合理的経済人とはほど遠い。しかし誤解してはいけないのは，効率的市場仮説は非合理的な投資家の存在を否定しているわけではないという点である。効率的市場においては，非合理的投資家が存在したとしても，非合理的な投資家が株価に影響を与えることはないと考えられていた。効率的市場では価格がファンダメンタルバリューから乖離すると，合理的な投資家の**裁定取引** (arbitrage) によって価格はファンダメンタルバリューに収斂するはずだからである。裁定取引とは，相対的に割高な証券を売り，それとまったく同じキャッシュフローとリスク構造をもつ代替証券で相対的に割安なものを同じ金額だけ買うことにより，リスクをとることなく超過リターンを得る取引のことをいう。しかし，従来考えていたほどには裁定取引が機能せず，限界があることが明らかになってきたのである。

裁定取引に限界が生じる理由の１つに代替証券を見つけることの困難さがあげられる。たとえば，メルカリの株式が割高だと考えても，メルカリと同等のキャッシュフローとリスク構造をもつ別の割安な株式 (代替証券) を見つけるのは困難である。もう１つの理由は空売り制約である。過大評価されている株式を見つけたので売りたいと思うとしよう。所有していない株式を売るには，空売りという方法がある。しかし，現実には空売り制約がある銘柄もあるし，制約がない銘柄についても他の投資家から株式を借りる際に費用や手数料がかかったり，借株が見つからないときもある。

加えて裁定取引にはノイズトレーダーによるリスクも存在する。ノイズトレーダーとは，ニュース (新情報) ではなくノイズ (根拠のない噂や市場のムード) に反応して売買をおこなう投資家のことをいう。そして彼らの取引によって価格がファンダメンタルバリューに収斂する前にさらに乖離してしまうリスクのことをノイズトレーダーリスクという。ノイズトレーダーの取引が大きい場合には，たとえアービトラージャー (裁定取引をおこなう投資家) が裁定取引をおこなったとしても，価格をファンダメンタルバリューに戻すことは容易ではないようだ。双子証券のようなアノマリーで問題となるのは，ミスプライシングそのものよりも，なぜ裁定取引によってミスプライシングが解消されないのかということである。これは伝統的ファイナンスでは説明が困難であるが，行動ファイナンスではこれをノイズトレーダーリスクのため裁定取引には限界が生じるというように説明できる。

3.2.2 プロスペクト理論

リスク下の意思決定において，従来のファイナンスでは，投資家はリスク資産から得られる期待効用を最大化するように行動すると考えてきた。この考え方を期待効用理論という。具体的に，効用関数 $u(\cdot)$ をもつ投資家が，客観的確率 p_i $(i=1,2,\ldots,N)$ で株価が x_i になるような株式から得られる期待効用 EU は次式のように計算される。

$$\begin{aligned} EU &= p_1u(x_1) + p_2u(x_2) + \cdots + p_Nu(x_N) \\ &= \sum_{i=1}^{N} p_iu(x_i) \end{aligned}$$

現実において人はこのように将来の状態とそれが生起する確率を予測し，効用の期待値を計算して意思決定しているわけではないかもしれない。しかし，たとえ現実の人間が期待効用にもとづき意思決定していないとしても，期待効用理論で現実の人間行動をうまく記述できている限りにおいては問題ない。問題は期待効用理論では説明困難な人間行動が指摘されるようになってきたことであった。

そこに新たな理論が誕生する。実験を通じて明らかになった人間行動を理論化することでトベルスキー (Amos Tversky) とカーネマン (Daniel Kahneman) はプロスペクト理論を提唱した[4, 6)]。プロスペクト理論では確率ウェイト関数 (確率重み付け関数) と価値関数という 2 つの関数が重要な役割を果たす。

確率ウェイト関数は客観的確率 p を重み付けする関数である。横軸に客観的確率 p，縦軸に p を確率ウェイト関数で重み付けした確率 $w(p)$ をとると図 3.3 のように非対称な逆 S 字型のグラフを描く。この形状は，人は低い客観的確率を高めに評価し，中程度から高い客観的確率を低めに評価するという特徴をとらえている。当選確率が非常に小さい高額賞金を期待して宝くじを購入した経験はないだろうか。また海外旅行に行く際は，旅先での万が一のトラブルに備えて保険に加入するのではないだろうか。このような意思決定をおこなう際，人は宝くじで 1 等が当たる確率や旅先で事故に遭う確率を実際にそれがおこる確率よりも高く評価している。株式市場において，投資家はたとえ確率は低く

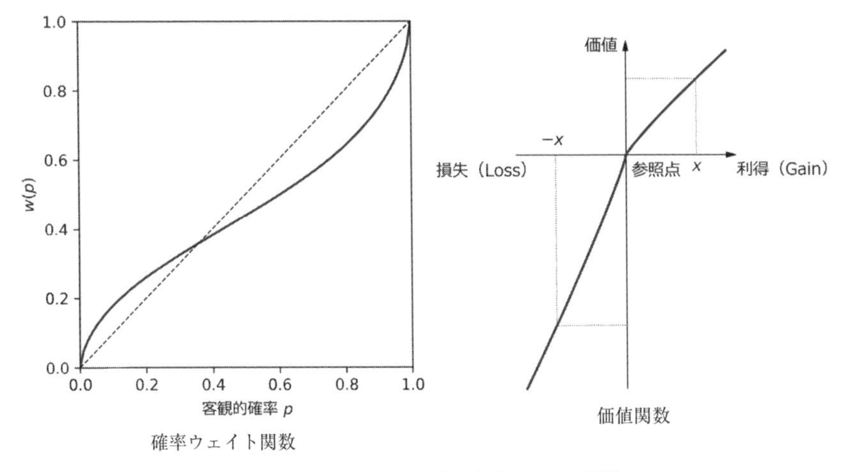

図 3.3 プロスペクト理論における 2 つの関数

ても極端に高いリターンが期待できる宝くじのような株式 (言い換えれば，横軸にリターンをとったときリターンの確率分布が正の歪度をもつ株式) を好むようだ。

価値関数には次の 3 つの特徴がある。第 1 に**参照点** (reference point) からの利得 (gain) と損失 (loss) であらわされている。人々が問題とするのは期待効用理論が説くような期末の富の大きさではなく，富の変化であることをあらわしている。参照点は必ずしも 0 である必要はなく，また人によっても異なる。たとえば，トヨタ自動車の株式を 6,000 円で購入した投資家と，7,000 円で購入した投資家ではトヨタ株が 6,500 円のときの嬉しさは異なる。前者はハッピーでも，後者はアンハッピーである。それぞれの投資家の取得価格が参照点になっているからである。第 2 の特徴は利得領域においては凹関数 (リスク回避型) だが，損失領域では凸関数 (リスク愛好型) になる点である [*6)]。これは損失領域ではリスク愛好的な選択をするという人間の新たな一面を表現している。第 3 に損失領域での価値は急激に下がることである。これは人間の**損失回避性** (loss aversion) という損失を極端にきらう特性をあらわしている。実験結果から，損失は利得の 1.5 倍から 2.5 倍の価値をもつといわれている。トヨタ株を 6,000 円で購入した投資家にとって，トヨタ株が 5,000 円に値下がりしたときの悲し

---

*6) 効用関数の形状とリスク回避性についてはミクロ経済学に関する教科書を参照されたい。

みは 7,000 円に値上がりしたときの喜びより約 2 倍大きいようだ。

投資家は利益が出ているときは利益の確定を急ぎ，損失を出しているときには損切しようとしない傾向がある。これを**気質効果** (disposition effect) とよぶ。この行動は，税金面ではコスト高となり非合理的な行動といえる [*7)]。この非合理的な行動は，価値関数にあてはめると理解できる。利得領域では，さらに利益が増加する価値より，利益が減少したときの失望の方が大きくなる。一方，損失の出ているときは，損失がさらに膨らんでも失望の程度は大きくなく，損失が減少する価値の方が大きくなる。このような理由により，投資家は利益の確定を急ぐ一方，なかなか損切できないのである。

3.3 効率的市場仮説を超えて

本書をここまで読み進めた読者はファイナンスデータ解析を学習する意味があるのかと疑問に思うかもしれない。本章で紹介した効率的市場仮説からの教訓は「市場はあなたよりもおおくのことを知っている。だから市場に勝つことはできない」ということであった。武器をもたない投資家が株式市場に参加しても，強者が集まる市場で生き残るのは難しい。

効率的市場仮説が示唆するところでは株式市場で生き残った投資家は合理的であり，価格付けに関して誤りをおかさない。そうだとすれば株価は常に「正し」くバブルはおこりえないはずである。現実はどうであろうか。さらに現実の株式市場では，過去の価格系列から将来のリターンを予測できないという数多くの証拠がある一方で，勝ち組が負け組のパフォーマンスを上回る傾向 (モメンタム) がおおくの国で観察されている。平均的にプロの投資家の運用成績は目隠しをしたサルがダーツを投げて選んだ銘柄で構築されたポートフォリオの成績に及ばないという証拠が存在する一方で，一部の投資家は継続して高いリターンを獲得しているという証拠もある。また，モデルの不備では説明がつかないアノマリーも存在する。これらは氷山のすべてなのか，それとも氷山の

---

*7) キャピタルゲインは資産の売却時に課税されるので，節税の観点からは課税される利益を遅らせることが最適であり，そのためには，利益が出ている銘柄を保有し続けることによって税金の支払いを遅らせ，その現在価値を低下させればよい。他方，投資家は，損失の出ている銘柄を売却して節税効果 (損益通算) を考えるべきである。

一角なのか，いまなお議論は続いている。

1章と本章で述べたとおり，人間はときにシステマティックなエラーをおかす。そして市場を形成しているのは生身の人間であるから，そのような人間行動のバイアスが株価の予測可能性を生じさせる可能性がある。株式市場の人間行動を説明するパラダイムの1つとして本章では行動ファイナンスを簡単に紹介した。次章では行動ファイナンスを理解するうえでも重要なファイナンス理論の基礎を学ぶ。基礎を知らずして基礎からの逸脱は理解できないだろう。

現代は高性能のコンピュータを低コストで利用でき，さらには多種多様なデータを利用できる時代である。それらのデータには既存の理論やモデルにはまだ取り入れられていない (とらえることができていない) 要因が含まれている可能性がある。そのため，単にファイナンス理論の理解にとどまらず，データを使って理論を検証する，またデータから発見された新たな要因を理論モデルに組み入れていくというプロセスが今後ますます重要になるであろう。以降の章で説明するファイナンス理論とファイナンスデータ解析という2つの武器を手に入れ，株式市場と対峙するすべを身につけてほしい。

章末問題

(1) 次のゲームを考えてみよう。会場には複数の参加者がおり，各参加者は0から100までの数字 ($[0,100]$) の中から同時に1つの数字を選ぶ。選ばれた数字の平均値に2/3を掛けた値にもっとも近い数字を選んだ参加者に賞金が与えられる。すべての参加者はこのゲームのルールを知っているとする。

(a) あなたならどの数字を選ぶだろうか。

(b) 参加者を投資家とみなし，このゲームを株式市場にあてはめたとき，ファイナンスデータ解析をおこなう意義を考えてみよう。

(2) 1.4節で取り上げた競馬において大穴馬券が好まれる理由をプロスペクト理論で考えてみよう。

文献

1) 榊原茂樹，岡田克彦，加藤英明著 (2010). 行動ファイナンス (現代の財務経営). 中央経済社.

2) Fama, E. (1970). Efficient capital markets: A review of theory and empirical work. *Journal of Finance*, 25, pp. 383–417.

3) Jegadeesh, N. and Titman, S. (1993). Returns to buying winners and selling losers: Implications for stock market efficiency. *Journal of Finance*, 48(1), pp. 65–91.
4) Kahneman, D. and Tversky, A. (1979). Prospect theory: An analysis of decision under risk. *Econometrica*, 47(2), pp. 263–292.
5) Linnainmaa, J. T. and Roberts, M. R. (2018). The history of the cross-section of stock returns. *Review of Financial Studies*, 31, pp. 2606–2649.
6) Tversky, A. and Kahneman, D. (1992). Advances in prospect theory: Cumulative representation of uncertainty. *Journal of Risk and Uncertainty*, 5(4), pp. 297–323.

Chapter 4
ファンダメンタル分析

株式の価値を評価するためにおこなわれるさまざまな分析を総称してファンダメンタル分析 (fundamental analysis) とよび，それを利用して投資をおこなう人々をファンダメンタル投資家とよぶ。ファンダメンタル投資家は，誤って割安・割高に株価が付されている銘柄を見つけるために，株式の価値をあらゆる観点から評価し，その価値と現在市場で取引されている株価を比較することで売買の意思決定をおこなう。本章では，株式の価値の評価方法やファンダメンタル分析の実践方法をいくつか紹介しよう。

4.1　財務諸表の概要

セミストロング・フォームの意味で市場が効率的であるならば，市場で成立している株価は現時点で利用可能な公開情報をすべて織り込んでいる。このとき，すでに公表されている情報，典型的には，企業が公表した業績数値といった情報を利用していかなる取引戦略 (たとえば，直近の業績が好調な銘柄群に投資するといった戦略) を実行したとしても，平均的にはリスクに見合う以上のリターンを獲得することはできない。

一方，市場が効率的ではない場合，現時点で利用可能な公開情報を活用することによって，投資する銘柄のリスクに見合う以上のリターンを獲得する機会が残されている。このとき，投資家は，市場で売られているその株式の価格 (すなわち，株価) がその株式の価値に見合うか否かに最大の関心を払うことになる。もし，100 円の価値があると評価した株式が，市場で 80 円で取引されているならば，価値が 100 円，株価が 80 円なので，市場では割安で売られていると判断してその株式をロングする。他方，価値が 100 円，株価が 150 円ならば，市場では割高で取引されていると判断してその株式をショートする。こうした戦略を実行することにより，高いリターンを追求するのである。

ファンダメンタル投資家はあらゆる情報を駆使して株式の価値を評価するが，企業から公表される財務諸表は，彼らにとっては貴重な情報源の１つである。財務諸表とは，企業の経済活動の状況を要約した一組の書類の束を指し，いくつかの書類から構成される。ここでは，株式投資をおこなうのに必要となる最低限の知識を得ることを目的として，ポイントを絞って解説していこう。

そもそも企業の経済活動と一口にいっても，大きくわけると次の３つの活動に集約される。すなわち，(1) 資金調達活動，(2) 投資活動，(3) 儲けを生み出す活動である。

4.1.1 資金調達活動

企業活動において先立つものはお金である。何よりもまず，資金を調達するところから始まる。資金の調達手段としては，２つのチャネルがある。１つ目のチャネルは，銀行や企業，個人からお金を借りるというものである。銀行をはじめとして，期日に利息や元本の返済を要求する権利を有する人たちのことを総称して，債権者とよぶ。もう１つのチャネルは，企業の所有者になってくれる人を募り，出資してもらうというものである。株式会社の場合，出資者は，資金提供と引き換えに，出資額に応じて株式を受け取り，所有権の一部を得る。彼らは，株主とよばれる。

4.1.2 投資活動

企業活動に必要な資金を集めることができれば，次は調達してきた資金を儲けを生み出すタネへと変化させる。たとえば，小売業を想定すると，調達してきた資金を使って将来売れそうな商品を仕入れる，すなわち，現金を将来儲けを生み出すであろう商品というタネへと変化させるわけである。製造業を想定すれば，将来儲けを生み出すであろう製品を作るために，現金を原材料や製品を加工する機械というタネへと変化させるのである。こうした行為，すなわち，儲けを目論み，現金を将来の儲けのタネになるものへと変換する行為を投資という。投資にはリスクがつきものである。手元にあれば安心の現金を，企業はリスクをとって (すなわち，将来，儲かるかどうかはわからないけれど) 他の物や権利へと投資し，儲けを目論むことになる。

ある時点における企業の (1) 資金調達活動と (2) 投資活動の現状をあらわす書類として，**貸借対照表** (balance sheet: B/S) がある。図 4.1 の t 年 1 月 1 日時点の B/S をみてもらいたい。

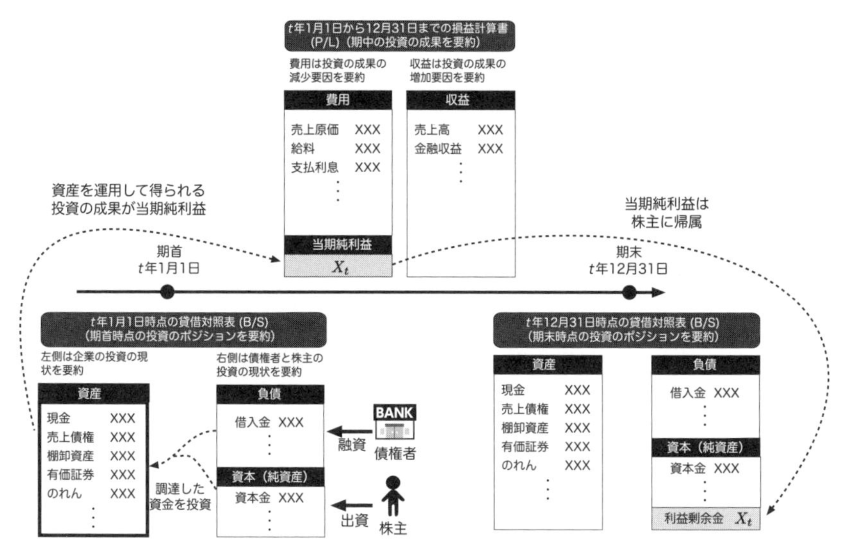

図 4.1　企業の経済活動と財務諸表の関係

B/S は左右に分かれており，その右側は B/S 作成時点の (1) 資金調達活動の現状をあらわす。右側は，さらに 2 つのボックスに分かれており，上部のボックスは負債とよばれる。負債のボックスの中には調達してきた資金のうち，返済すべき義務のある項目とその金額が列挙される。銀行から借り入れたお金は返済義務があり，会計用語で借入金とよばれる。したがって，たとえば，銀行からその時点で 100 を借り入れていたとすると，借入金 100 というように項目名と金額がセットになって負債のボックスの中に収納される。

他方，右側の下部のボックスは資本，あるいは，純資産とよばれる。そのボックスの中には，調達してきた資金のうち，返済の義務のない項目とその金額が列挙される。資本の中でも，株主からの出資額は会計用語で資本金という。したがって，たとえば，その時点で株主から 200 の出資を受けていたのなら，その事実は，資本のボックスの中に資本金 200 と記載することによって表現される。

こうして，B/S の読み手はその右側を注視することによって，B/S 作成時点で企業が一体誰からいくらの資金調達をおこなっているのかを読み取ることができるのである。企業に資金提供をおこなう債権者や株主は，なぜ融資や出資をおこなっているのであろうか。それは，債権者であれば，確実に元利返済を受けられるかどうかわからないというリスクを背負う一方で，利息という儲けを目論み融資しているからである。株主も同じように，儲かるかどうかわからないというリスクを背負う一方で，インカムゲインやキャピタルゲインという儲けを目論み出資している。つまり，債権者であれ，株主であれ，リスクを背負う見返りとして儲けを求めて企業に投資している主体とみることができる。その事実から，B/S の右側は，債権者と株主という資金提供者が，その時点で企業にいくら投資しているのかという債権者と株主による投資のポジションを要約することになるのである。負債は債権者による投資の現状を反映し，他方，資本は株主による投資の現状を反映するというわけである。

債権者や株主から資金提供を受けることができたのなら，今度は，企業がリスクを背負って果敢に投資をおこない，儲けを目論むことになる。B/S の左側は，企業がおこなっている (2) 投資活動の現状をあらわし，資産というボックスが配置される。負債と資本を駆使して調達してきた資金を，企業が一体何にいくら投資を行っているかという企業の投資のポジションを示すのが，B/S の左側の役割である。B/S の作成時点で商品在庫 (棚卸資産) や備品，製造設備 (機械) にいくら投資しているか，また，現金をいくら保有しているか (換言すると現金にいくら投資しているか) など，その時点で企業が投資している項目名と金額が列挙されるというわけである。資産という言葉を思い浮かべれば，現金や商品在庫のように目に見えるものばかりを想定するかもしれない。しかし，資産には，ツケで商品販売したときに得られる権利 (ツケで販売すれば，将来販売先からお金を払ってもらえる権利を得ることになり，この権利を売上債権や売掛金という) をはじめとする目には見えない権利も含まれる。また，他企業を合併したとき，合併する側の企業は将来おおくの恩恵を生み出す源泉 (たとえば，独自のノウハウやブランド力) を被合併企業から獲得することがある。それは，のれん (goodwill) とよばれ，のれんもまた目には見えないが，企業にとっては立派な資産の 1 つである。さらにいえば，企業は，本業のビジネスばかりに投資するだけではなく，手元に余っているお金があれば，他の企業の株式 (有価証券) などを購入することもある。こうした金融投資によって保有する有価証券も資産として計上される。

こうしてB/Sは，右側には債権者と株主による投資のポジションを，左側には企業の投資によるポジションを左右対照表示することになり，資金提供者 (債権者と株主) と資金提供を受けた企業のそれぞれの投資のポジションを伝達するツールとなる。企業が調達した資金は，必ず何かの資産に投資されている。したがって，いつの時点でB/Sを作ろうとも必ず次式が成立することになる。

$$\underbrace{\text{資産合計}}_{\text{企業による投資のポジション}} = \underbrace{\text{負債合計} + \text{資本合計}}_{\text{債権者と株主による投資のポジション}}$$

4.1.3　儲けを生み出す活動

個人の株式取引では，投資している複数の銘柄 (すなわち，資産) を，その後の期間で運用することで儲けを生み出すことを目論む。それは企業も同じであり，企業もまた，投資している資産をうまく運用することで儲けを生み出すことを目論むのである。たとえば，1月1日から12月31日までのある一定期間 (1会計期間の初日を期首，末日を期末や決算日，期首から期末の期間のことを期中という) においてどれだけの儲けが実際にあったかという投資の成果を要約する書類に**損益計算書** (profit and loss statement: P/L) という財務諸表がある [*1]。

図4.1の t 年1月1日から12月31日までのP/Lをみてもらいたい。P/Lは当期純利益，収益，費用の3つのボックスから構成される。一定期間における投資の成果のことを**当期純利益**という。投資の成果たる当期純利益を増加させる要因を**収益**とよび，他方，それを減少させる要因を**費用**とよぶ。

小売業を想定すれば，企業は調達してきた資金を，実際に売れるかどうかはわからないというリスクを背負って商品というタネへと投資をおこなう。その投資が現実に実を結び，仕入れてきた商品が無事に売れれば，販売代金に相当する売上高というプラスの投資の成果を得ることができる。すなわち，リスクを背負って投資して得た商品を運用することで，売上高というプラスの投資の成果が上がるというわけである。B/Sと同じように，P/Lも左右に分かれており，P/Lの右側には，売上高をはじめとする一定期間のプラスの投資の成果を

[*1] 決算日は企業によって異なり，12月31日が決算日の企業もあれば，3月31日が決算日の企業もある。日本では圧倒的に後者がおおい。

収納する収益というボックスが配置される。たとえば，一定期間において売上高がトータルで50あれば，売上高50というように項目名と金額がセットで収益のボックスに表示されるのである。企業は，小売業にとっての商品などのように，本業のビジネスに投資することもあれば，余剰資金を金融資産へと投資することもある。金融資産を運用することによっても，プラスの投資の成果を生み出すことができる。金融資産を運用したことによって得られた成果たる金融収益(たとえば，受取利息や受取配当金)も，売上高とともに，収益の中核をなす。

ただし，わたしたちの日常でもそうであるように，嬉しい成果を得るためには，その背後に努力が必要である。企業活動においても，商品を販売し，売上高という嬉しい成果を得るためには，何らかの努力が必要であったはずである。その努力とは，たとえば，販売した商品の仕入のコスト(これを売上原価という)や従業員への給料支払いというコスト，などである。これら成果を得るための努力は，正味の成果を減じる要因であり，費用とよばれる。P/Lの左側には費用のボックスが配置される。そこには成果を得るために必要だった努力が，項目名と金額のセットとなり収納されることになる。銀行をはじめとする債権者に対して，資金提供の見返りとして支払った利息も，典型的な費用項目の1つである。

こうしてP/Lの右側には投資の成果の増加要因として収益がまとめられ，他方，左側には投資の成果の減少要因として費用がまとめられる。収益合計から費用合計を差し引けば，一定期間における儲けをあらわす当期純利益を計算することができる。当期純利益は，企業がリスクを背負って投資した資産を運用することによって得られた投資の成果を純額であらわしたものである。

$$\underbrace{\text{当期純利益}}_{\text{一定期間の投資の成果}} = \underbrace{\text{収益合計}}_{\text{投資の成果の増加要因}} - \underbrace{\text{費用合計}}_{\text{投資の成果の減少要因}}$$

企業が1年間で稼ぎ出した当期純利益は，企業の所有者たる株主のものとなる。企業が保有する資産全体は，資金提供者の持ち物(会計用語では持分)になる。資産全体のうち，負債の合計金額に相当する部分は，資金提供者の1人である債権者の持分である。資産合計から負債合計を差し引いた残り，すなわち，資本の合計金額に相当する部分は，もう1人の資金提供者である株主の持分になる。当期純利益は株主のものになるから，株主の持分に相当する資本のボックスに当期純利益が追加されるというわけである。株式会社の場合，当期純利益が資本に追加されるとき，利益剰余金と名前を変え，追加される。したがって，図 4.1 のように t 年期首時点で利益剰余金が 0 だとすると，t 年の当期純利益 X_t が t 年期末時点の利益剰余金の金額となる。翌年以降，期中に稼いだ当期純利益がまた利益剰余金へと追加され，(当期純利益が黒字で，配当がない限り) 利益剰余金の金額はどんどん積み増しされていくことになる。一方，利益剰余金は株主に対して資金提供の見返りとして支払われる配当の原資にもなる。したがって，蓄積された利益剰余金をベースに現金配当がなされるとき，配当の分だけ B/S の右側では利益剰余金の金額が減少し，他方，B/S の左側では現金が同額だけ減少するのである。

4.2 実際に開示される財務諸表

財務諸表は，企業の成績表ともよばれ，企業の良し悪しを評価したり，将来性を推し量るのにうってつけの情報源である。ただし，一般にイメージされる成績表は，教員という第三者が学生の普段の学修活動を記録し，それにもとづいて作成・開示されるものである。他方で，企業の成績表である財務諸表は，企業自身が経済活動の様子を記録し，その記録にもとづいて作成・開示される点で大きく異なる。企業自身で作成するのだから，何らかのルールがなければ企業外部者に信頼される財務諸表を作成することはできない。そこで，企業は，一般に認められた会計原則 (generally accepted accounting principles: GAAP) とよばれる会計ルールに従って，B/S や P/L などの財務諸表を作成することになる。日本版の GAAP に従って財務諸表を作成する企業もあれば，近年では，国際的にも通用する GAAP である国際財務報告基準 (International Financial Reporting Standards: IFRS) に従って財務諸表を作成する企業も増えてきている。また，米国証券取引委員会 (Securities and Exchange Commission: SEC) に登録する企業は，米国版の GAAP，通称 SEC 基準によって財務諸表を作成することも認められている。

金融商品取引法という法律では，各企業が定めた年次の決算日から起算して 3 ヶ月以内に有価証券報告書とよばれる書類を作成し，開示することを上場企業等に義務付けている。その書類の内容は，企業の概況から始まって多岐にわたり，ページ数も膨大であるが，それを熟読すれば，その企業の経済活動の全貌を知ることができるといっても過言ではない。その書類の花形の1つは，「経理の状況」という節に掲載されている財務諸表である。そこでは，B/Sにより決算日の投資のポジションやP/Lにより年間の投資の成果などが開示される。有価証券報告書自体は，**EDINET**(Electronic Disclosure for Investors' NETwork)とよばれる開示システムを通じて入手することができるため，そこにアクセスすれば，興味のある企業の財務諸表を入手することができる。

有価証券報告書に収録されている財務諸表は，公認会計士，または監査法人(総称して監査人とよぶ)による監査を受けたものである点に特徴がある。企業は自らで作成した成績表たる財務諸表の確からしさを自身で保証することはできない。そこで，監査人が，その財務諸表がGAAPに準拠したものであり，企業の経済実態を適正に表示したものであるか否かを監査し，監査報告書において監査意見を表明する。こうしてわたしたちは，監査人からのお墨付きを得て，GAAPに準拠して作成したことが保証された財務諸表については，それを参照することで，その企業の経済活動の状況を適切に把握することができるのである。

ただし，有価証券報告書は，入手可能になるまでに時間を要するという欠点がある。企業に関心を寄せる投資家からすれば，一日も早く財務諸表情報を入手し，投資意思決定に役立てたいものである。そこで，証券取引所では，上場企業に対して，決算の内容が固まり次第，ただちに決算短信という書類により，年間の売上高や当期純利益，決算日時点の純資産の金額などの業績のサマリー情報を開示するよう義務付けている。決算短信が開示されるまでの平均的な日数は，決算日から40日程度である。決算短信は，**TDnet** (Timely Disclosure network) とよばれる開示システムを通じて閲覧することができ，また，その内容は，すぐさまネットニュースに取り上げられたり，翌朝の経済新聞などで報道され，誰もが等しく入手できる情報となって，投資意思決定に役立てられるのである。なお，決算短信で開示される財務諸表情報は，まだ監査人による監査がすべて終了しておらず，信頼性の面では有価証券報告書のそれと比べて相対的に劣る。一方で，速報性の面では断然に優れているため，有価証券報告書よりも決算短信の方が，投資家の注目度や利用度が高いことが知られている。

また，年間の経済活動の状況だけではなく，もう少し短いスパンの財務諸表を確認したければ，金融商品取引法によって開示が義務付けられている四半期報告書の中に収録される四半期財務諸表を参照すればよい。四半期報告書は，決算日から起算して 45 日以内に作成・開示することが義務付けられており，有価証券報告書と同様，EDINET を通じて閲覧可能である。また，証券取引所は四半期ベースでも決算短信を開示するよう企業に義務付けているため，短いスパンで適時的な情報が知りたければ，TDnet を利用して，四半期決算短信も活用することができる。

4.3　財務諸表の注目箇所

EDINET や TDnet で有名な企業の財務諸表を検索してみれば，おおくの企業は，連結財務諸表というものをメインで開示していることに気づくはずである。現代の企業のおおくは，企業集団を形成して，経済活動をおこなっている。たとえば，トヨタ自動車という親会社をピラミッドの頂点として数多の子会社や関連会社から構成されるトヨタグループをイメージしてほしい。こうしたトヨタグループのように，企業集団全体を 1 つの組織体としてみなし，その組織体の投資のポジションや投資の成果を要約した財務諸表のことを連結財務諸表とよぶ。企業を分析するときには，親会社 1 社単独の財務諸表 (これを個別 (または単体) 財務諸表という) ではなく，企業集団全体の連結財務諸表を利用するのが一般的である。もちろん親会社単独で経済活動を営んでいる企業を分析する場合は，個別財務諸表が分析の対象となる。

4.3.1　財務諸表をもちいた安全性の分析

企業が倒産せずに，これからも安全にビジネスを継続できるか否かには，おおくの人の関心が寄せられる。ひとたび企業が倒産すれば，債権者は利息を支払ってもらえないばかりか，融資した元本の回収もままならなくなる。株主もまた，倒産が近づき，株式が紙くず同然となれば，投資額全額を失うことにもなりかねない。企業が債務不履行 (デフォルト) をおこすことなく，これから先も安全にビジネスを続けていけるかどうかを評価するための分析を安全性分析とよぶ。

安全性分析を代表する財務指標は，流動比率である。実際に開示されている

B/S をみれば，資産と一口にいっても，流動資産とそれ以外の資産とに区分表示されており，負債も同様に，流動負債とそれ以外の負債とに区分表示されていることに気づくであろう。流動資産とは，大雑把にいえば，1 年をおおよその目処とした短期の間に現金へと換金可能な資産の集合である。典型的には，現金そのもの，その気があればいつでも換金可能な有価証券，売上債権や商品在庫などが流動資産に該当する。他方，流動負債とは，1 年をおおよその目処として相対的に短期の間に返済すべき債務の集合である。仕入債務や向こう 1 年の間に返済予定の借入金や社債などが流動負債に該当する。安全性を評価するために利用される**流動比率**とは，以下のように計算する。

$$\text{流動比率}\ (\%) = \frac{\overbrace{\text{流動資産合計}}^{\substack{\text{相対的に短期間で現金化されて}\\ \text{負債の返済に充当できる資産}}}}{\underbrace{\text{流動負債合計}}_{\text{相対的に短期間に返済すべき義務}}} \times 100$$

すなわち，流動比率とは，分母に相対的に短期間に返済すべき義務である流動負債に対して，それに返済に充当可能な流動資産を十分に持ち合わせているかを測るものである。流動比率が 100%を下回る企業は，何らかの手立てを講じない限り，短期の間で支払期限を迎える債務の返済に充当できる流動資産が十分ではないことを意味し，債務不履行に陥る可能性が相対的に高く，安全性は低いと評価することができる。倒産企業では倒産直前期に流動比率が急激に低下し，それが 100%を下回る傾向にあることが知られており，流動比率は，倒産予兆のシグナルの 1 つとしてもちいられている。

4.3.2 財務諸表をもちいた収益性の分析

財務諸表を通じて，投資先の企業がよい企業か否かを株主が測るのには，どの部分に着目すればよいのであろうか。1 つの候補は，P/L 上の当期純利益の大きさである。当期純利益は，企業の一定期間の経済活動を通じて得られた株主に帰属する儲けである。したがって，この儲けがおおければ株主は嬉しく感じるはずである。しかし，単純に当期純利益がおおければそれで満足かというとそうでもない。重要なのは，株主が企業に投資している金額に対して，おおくの儲けが得られたか，すなわち，投資による儲け/投資額で計算されるリターンの多寡である。

いま，AとBの2つの投資プロジェクトがあったとしよう。両方のプロジェクトともに得られた儲けは10である。ただし，プロジェクトAに対するもともとの投資額は100であった一方，プロジェクトBに対するもともとの投資額は10,000であった。あなたが投資主なら，どちらの儲けも10と同じであるから，AとBも両方儲けを生んでくれたよいプロジェクトだとは思わないであろう。プロジェクトの良否は，リターンで判断するはずだ。Aのリターンは10/100の10%であり，他方，Bのリターンは10/10,000のわずか0.1%である。したがって，Aのプロジェクトに投資してよかったと思うはずである。企業に投資した株主とて同じである。すなわち，儲けの金額である当期純利益の大きさではなく，株主にとってのリターンこそ投資先の良し悪しを判断するバロメーターとなるのである。

期首において，B/Sの資本の中に計上されている株主資本の合計金額は，会計上，株主が企業に投資している額としてみることができる。株主資本とは，株主から出資された元本(資本金等)と，当期以前の純利益のうち企業内に留保されている利益剰余金から構成される。この株主が企業に投資している株主資本や借入金をはじめとする負債で調達した資金をよい事業，よい資産へと企業が投資し，その資産を株主に代わって企業がその後の1年間に運用することでP/Lに計上される会計上の株主の儲けたる当期純利益を生み出すというのが，企業の経済活動の流れである。この流れを前提とすると，会計上の株主の投資額たる株主資本と会計上の株主の儲けたる当期純利益を対比させることによって，株主の目線からみた会計上のリターンを計算することができる。会計上の株主のリターンは，return on equityの頭文字をとって**ROE**とよばれる。ROEは，次のように計算することができる。

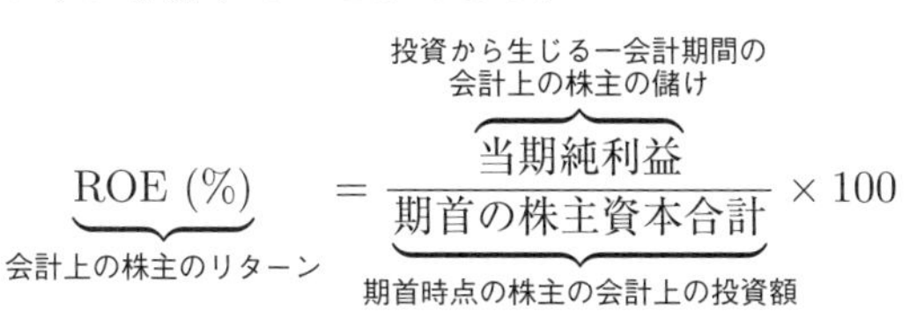

なお，連結財務諸表をベースにROEを計算する場合，参照すべき利益項目は，親会社株主に帰属する当期純利益である点に注意が必要である。こうして計算されるROEは，株主の立場からすれば，自分たちの会計上のリターンをあらわし，投資効率を測る指標となる。また，企業の立場からすれば，株主から委

託された資本をうまく活用して，投資の成果を得ることができたかという収益性をあらわす1つの重要な指標となる。

4.4　株主資本の簿価，価値，時価

財務諸表上に計上されている金額のことを簿価とよぶ。たとえば，B/S の株主資本の合計金額が 1,000 ならば，株主資本簿価は 1,000 である。企業の使命は，株主からの出資を受け，債権者から融資を受けて調達してきた資金をよい事業，よい資産へと投資し，新たな価値を創造することにある。価値を創造している企業か否かを評価するのは，企業への資金提供をすでにおこなっている株主や債権者などの投資家であり，これから企業に投資しようかと検討している潜在的投資家である。彼らが企業の株主資本を評価した金額を**株主価値**とよぶ。価値を創造している企業の株主価値は，株主資本簿価より高くなる。株主資本簿価は，会計上，株主が企業に投資している金額ととらえることができる。1,000 の投資 (株主資本簿価) から 1,250 の価値 (株主価値) を生み出す企業は，投資額の 1,000 に加えて，余分に 250 の価値を創造している株主にとってよい企業である。株主価値が株主資本簿価を上回る企業は，株主価値創造企業であり，反対に下回る企業は，株主価値毀損企業であるといえる。

株主価値創造企業か否かの分かれ目は，株主の期待と株主にもたらされる実際の成果によって決められる。株主はリスクを背負って株式に投資するからには，投資額に対して何%かのリスクに見合ったリターンを期待して投資をおこなう。そして，投資を行った結果として，会計上の株主のリターンである ROE を実際の成果の1つとして得ることができる。投資時点で期待していたリターンが 8%で，実際にもたらされた成果たる ROE が 10%なら，期待していたより 2%もおおくの成果がもたらされたとして，株主は満足である。その企業に投資したとき，将来，投資のリスクに見合った期待リターンを上回る ROE が平均的に得られると見込まれる企業こそ，株主価値創造企業であり，そうした企業の株主価値は，株主資本簿価を上回ることになる。

株主資本の価値が株主価値なら，株主資本の時価は，発行済み株式数に1株当たりの株価を乗じた株式時価総額である。株式時価総額は，株主資本が市場で取引されている金額である。要約すると，図 4.2 で示すように株主資本の簿

価，価値，時価は，それぞれ株主資本簿価，株主価値，株式時価総額なのである。株主価値とは，評価者による株主資本の主観的な評価額であり，他方，株式時価総額とは市場による株主資本の客観的な評価額としてみることができる。

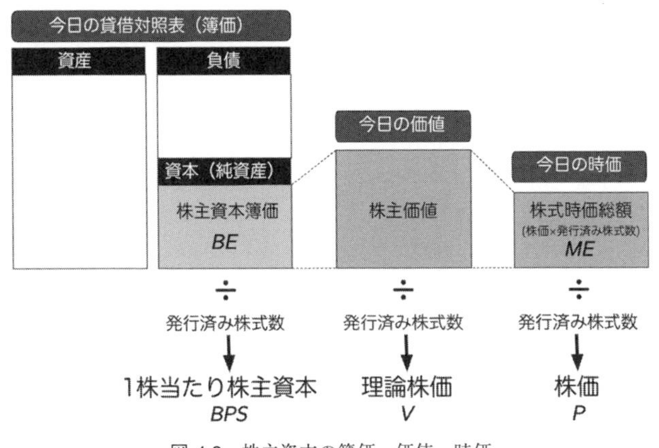

図 4.2　株主資本の簿価，価値，時価

株主資本の簿価と時価の比は BE/ME と称され，株式取引の世界では注目を集める指標の 1 つである。その理由は，日本をはじめとして，世界中のおおくの国々で株主資本の時価 (ME) に比して，簿価 (BE) が高いような高 BE/ME 銘柄ほど，将来の平均的なリターンが高くなる傾向があるからだ。図 4.2 のように ME よりも BE の方が大きく，BE/ME が 1 を上回る銘柄が高 BE/ME 銘柄である。この点については，5.7 節で，改めて詳述する。

今度は，それぞれの金額を発行済み株式数で除すことによって 1 株当たりベースで考えてみよう。株主資本簿価を発行済み株式数で除した金額は，1 株当たりの株主資本簿価 (book-value per share: BPS) とよばれ，1 株を保有する株主が，会計上，企業に投資している金額をあらわす。株主価値を発行済み株式数で割ると，理論株価を評価することができる。理論株価とは，1 株の理論的な価値を意味する。最後に，市場で取引されている株価とは，株主資本の時価たる株式時価総額を発行済み株式で割ったものである。

当期純利益の総額を発行済み株式数で割れば，1 株当たり利益 (earnings per share: EPS) が求まる。企業の 1 株当たりの実力を反映する BPS やすでに実現した実績 EPS，アナリストや経営者による翌期の予想 EPS などの会計数値と株価とを比べることで，現在の株価が割高に形成されているか，割安に形成されているかを評価することがある。株価を BPS で割った値は PBR とよばれ，他方，株価を EPS で割った値は PER とよばれる。

3 章で紹介した効率的な市場においては，理論株価 (value: V) が 100 ならば市場で成立している株価 (price: P) も 100 となり，両者は一致する。しかし，両者が乖離するような市場があるのであれば，ファンダメンタル投資家は，その乖離を利用して儲けを目論むことになる。100 の価値のある株式 (理論株価が 100 の株式) が，市場で 50 で売買 (株価が 50 で取引) されていたとしよう。価値の半額で売られているという状態であり，割安で取引されているのである。図 4.2 のように，P よりも V が高いとき，ファンダメンタル投資家は，この機を見逃さず，その銘柄をロングすることで高いリターンを目指すのである。その後，首尾よく株価が理論株価に近づくよう実際に値上がりすれば，おおくの儲けが実現することになる。

現実の株式市場が効率的であり，理論株価と株価が等しいか否かについては研究者によって見解が分かれる。ただ，仮に一時的にせよ両者が乖離する市場があれば，適切に理論株価を評価することによってリスクに見合う以上のリターンを獲得するチャンスが残されている。次節では，理論株価，すなわち，1 株の理論的な価値をどのように評価できるのか，その考え方の基礎を学んでいこう。

4.5　価値評価の基本原則

株式をはじめとするあらゆるモノに共通して，価値評価には次のような基本原則がある。その基本原則とは「あるモノの価値は，そのモノから生み出される将来の期待キャッシュフローを，その受け手の期待するリターンで現在価値へと割り引いた額 (これを割引現在価値という) に等しい」というものである。価値評価のキーワードは，(1) 将来の期待キャッシュフロー，(2) 期待リターン，(3) 割引現在価値の 3 つである。以下では，これらのキーワードを 1 つずつ読み解いていこう。

4.5.1　将来の期待キャッシュフロー

キャッシュフローとは現金の増減額である。キャッシュフローが 100 円 (−50

円) ならば，現金が 100 円増えた (50 円減った) ことを意味する。株式というモノを手に入れた投資家 (株主) が，将来得ることができるキャッシュフローの 1 つは，出資の見返りとして企業から分配される**配当** (dividend) である。いま，ある株式 1 株に投資したとき，翌 1 年間の業績次第で，表 4.1 の確率分布に従って期末に配当を受け取ることができると想定されたとする。

表 4.1　1 年後の配当に関する確率分布

業績	不調	例年どおり	好調
確率	1/4	1/2	1/4
1 年後の配当	60	120	140

このとき，1 年後に受け取ることができるであろう期待配当は，次のように計算することができる。1 年後の期待配当を $\mathrm{E}\left(D_{t+1}\right)$ とあらわすと，

$$\mathrm{E}\left(D_{t+1}\right) = \underbrace{\left(\frac{1}{4} \times 60\right)}_{\text{不調}} + \underbrace{\left(\frac{1}{2} \times 120\right)}_{\text{例年どおり}} + \underbrace{\left(\frac{1}{4} \times 140\right)}_{\text{好調}} = 110$$

となり，こうして計算された 110 こそが，株式というモノを評価するときの将来の期待キャッシュフローに相当する期待配当である。

4.5.2　期待リターン

ファイナンスの世界では，ハイリスク・ハイリターンという聞き慣れた言葉から連想されるようにリスクとリターンとをセットで考える (詳細は 2.5 節を参照)。リスクとは将来の不確実性を指す。リスク回避的な投資家を前提とすると，彼らは将来得られるキャッシュフローに大きなばらつきがある (すなわち，将来の不確実性が高い) リスクの高い投資に対して，高いリターンを期待するのである。

一方で，世の中には決まったキャッシュフローを確実に得ることができ (すなわち，将来の不確実性がなく)，リスクがゼロにもかかわらず，いくばくかのリターンを得ることができる投資がある。それが**国債**への投資である。国債とは，国が広く一般からお金を借り入れるために発行する債券のことである。額面金額 100 万円，年利率 1%，満期 5 年の国債へ投資を行えば，国に 100 万円を貸し付ける見返りとして年 1 万円のキャッシュフローを確実に得ることができる。投資額 100 万円に対して，1 万円の儲けを確実に得ることができるわけである

から，この投資の年間リターンは 1 万円/100 万円で 1%である。一般に，日本のような先進国が自国通貨で発行する国債は，債務不履行の恐れがなく，将来のキャッシュフローが保証されていると仮定する。リスクのない国債に投資したときのリターン (ここでの例でいえば 1%) は**無リスク利子率**とよばれる。

国債とは異なり，株式への投資はリスクを伴う。自身がある銘柄を 1 株購入したときのことを想像してみよう。あなたは，1 年後に株価がいくらになっているかわからないし，いくらの配当が貰えるかもわからないという不確実性，すなわち，リスクに直面することになる。リスク回避的な投資家は，このリスクをタダでは負担しない。リスクを背負う分だけ，リスクゼロの投資のときに確実に得ることができる無リスク利子率に加えて，何%かのリターンを追加で期待するのである。無リスク利子率とは別に，追加で上乗せされた期待リターンを**リスクプレミアム** (risk premium) とよぶ。リスクを負担することに対する報酬である。

株式 A に投資したとき，リスクを負担する見返りとして 6%のリスクプレミアム ($\mathrm{E}(R_A) - R_F$) を期待したとしよう。無リスク利子率 (R_F) は 1%である。

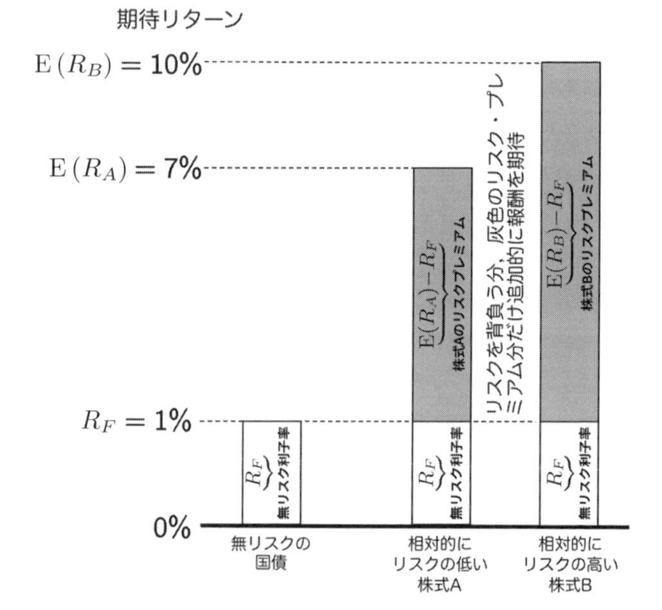

図 4.3　リスクと期待リターンの関係

したがって，株式 A に投資するとき，トータルで期待するリターン ($\mathrm{E}(R_A)$) は 7% である。

他方，株式 A に比べて相対的にリスクの高い株式 B があったとする。株式 B のリスクが株式 A に比べて高い分だけ，株式 A のリスクプレミアムよりも株式 B のリスクプレミアムの方が高くなる。株式 B のリスクプレミアム ($\mathrm{E}(R_B)-R_F$) が 9%ならば，投資家が株式 B に投資するときに期待するリターン ($\mathrm{E}(R_B)$) は 10%になる。

各銘柄のリスクプレミアムを描写するのに，**CAPM** (きゃっぷえむ) とよばれる洗練されたモデルがある。CAPM をベースに，個別銘柄のリスクプレミアムを推定する方法は 4.7 節と 4.8 節で学ぼう。

株式投資家が期待するリターンは，企業にとっては株式発行という手段によって資金調達をおこなったことに伴って負担しなければならない**株式の資本コスト** (cost of equity capital) になる。年間 10%のリターンが期待される株式 B の発行企業が負担しなければならない株式の資本コストは同じく年間 10%である。企業は資金調達をタダでおこなうことはできない。資金調達にはコストが掛かるのである。

このことは，もう一方の資金調達手段を考えたらわかりやすいであろう。株式会社は，株式発行のほかに，債権者から借入をおこなうことによっても資金調達をおこなうことができる。債権者は資金を貸し付けることによって，将来元利を返済してもらえないかもしれないという不確実性，すなわち，リスクに直面するが，そのリスクを負担する見返りとして，貸し付けた金額の何%かのリターンを期待し，利息の支払いを企業に求めるのである。債権者が年間 3%のリターンを期待しているのであれば，100 万円を借り入れた企業はその 3%に相当する 3 万円という利息を支払わなければならない。このことから，債権者が期待するリターンは，企業が借入という手段をとって資金調達をしたことによって負担しなければならないコストになる。このコストのことを**負債の資本コスト** (cost of debt) という。借入という資金調達において，債権者が期待するリターンは，企業にとっては負債の資本コストになる (債権者の期待リターンが年 3%ならば，企業にとっての負債の資本コストは同じく年 3%である)。この図式は，株式発行という資金調達にもあてはまる。すなわち，株式投資家が期待するリターンは，企業にとって株式の資本コストになるのである。

4.5.3 割引現在価値

今日，手元にある 100 円を投資に充てよう。その投資のリスクに応じた期待リターンが年間 10%とするならば，1 年後に期待されるキャッシュフロー (期待 CF) は，次のように計算することができる。

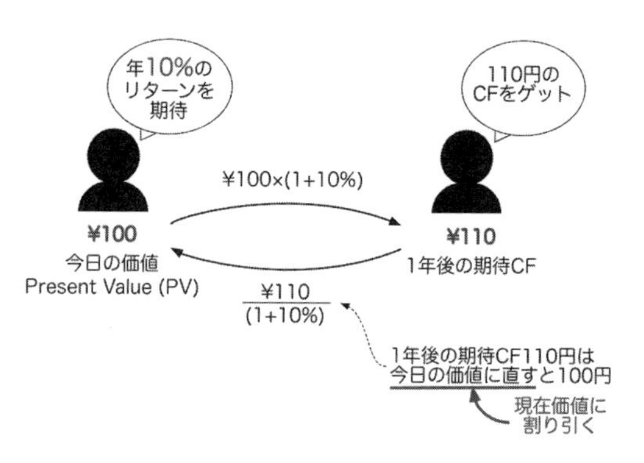

$$
1\text{ 年後の期待キャッシュフロー} = \underbrace{\text{今日の価値}}_{\mathbf{100}} \times (1 + \underbrace{\text{期待リターン}}_{\mathbf{10\%}}) = 110
$$

今日の価値のことを**現在価値** (present value) とよぶ。次は反対に期待リターンが年間 10%で，1 年後の期待キャッシュフロー 110 円を今日の価値 (現在価値) へと変換してみよう。上の式を今日の価値で解いて，次のように計算することができる。

$$
\text{今日の価値} = \frac{\overbrace{1\text{ 年後の期待キャッシュフロー}}^{\mathbf{110}}}{(1 + \underbrace{\text{期待リターン}}_{\mathbf{10\%}})} = 100 \qquad (4.1)
$$

このように将来の期待キャッシュフローを現在価値に直すことを現在価値に割り引くと表現する。そして，1 年後の期待キャッシュフロー 110 円を現在価値へと割り引いて計算された今日の価値 100 円のことを**割引現在価値**という。割引現在価値を求めるのに使われる期待リターンは**割引率** (discount rate) とも称される。

次は，今日の 100 円を年間 10%の期待リターンで 2 年間運用したとき，2 年後の期待キャッシュフローを考えてみよう。1 年後の期待キャッシュフローの 110 円を再投資して，さらにもう 1 年運用するわけだから，複利の考え方を適用して次のように計算することができる。

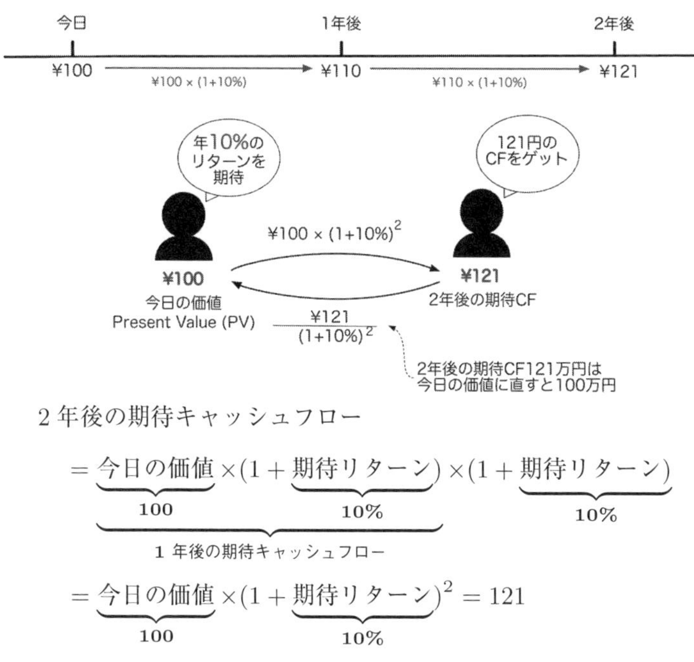

$$
\begin{aligned}
&2\text{ 年後の期待キャッシュフロー}\\
&=\underbrace{\underbrace{\text{今日の価値}}_{\mathbf{100}}\times(1+\underbrace{\text{期待リターン}}_{\mathbf{10\%}})}_{\mathbf{1\text{ 年後の期待キャッシュフロー}}}\times(1+\underbrace{\text{期待リターン}}_{\mathbf{10\%}})\\
&=\underbrace{\text{今日の価値}}_{\mathbf{100}}\times(1+\underbrace{\text{期待リターン}}_{\mathbf{10\%}})^2=121
\end{aligned}
$$

今度は，期待リターン (割引率) 10%で 2 年後の期待キャッシュフロー 121 円の今日の価値 (割引現在価値) を求めてみよう。先ほどと同じように，今日の価値で上式を解いて，

$$
\text{今日の価値}=\frac{\overbrace{2\text{ 年後の期待キャッシュフロー}}^{\mathbf{121}}}{(1+\underbrace{\text{期待リターン}}_{\mathbf{10\%}})^2}=100 \tag{4.2}
$$

として計算することができる。こうして，1 年後の期待キャッシュフローの割引現在価値を求めた (4.1) 式と 2 年後のそれを求めた (4.2) 式を見返すことにより，一般化できるルールが存在することに気づくであろう。すなわち，j 年後の期待キャッシュフローの今日の価値たる割引現在価値は，次のように計算することができるのである。

$$
\text{割引現在価値}=\frac{j\text{ 年後の期待キャッシュフロー}}{(1+\text{期待リターン})^j}
$$

4.6 株式価値の評価

こうして価値評価の 3 つのキーワードである将来の期待キャッシュフロー，期待リターン，割引現在価値を学んだ。あとは，価値評価の基本原則を株式というモノにあてはめれば株式の価値を評価するモデルを導出することができる。すなわち，「株式というモノの価値は，株式というモノから生み出される将来の期待キャッシュフローに相当する期待配当を，その受け手である株式投資家の期待するリターンで現在価値へと割り引いた額に等しい」のである。株式投資家が期待するリターンは，企業側の目線から見れば株式の資本コストになる。したがって，次のようにもいうことができる。「株式というモノの価値は，株式というモノから生み出される将来の期待キャッシュフローに相当する期待配当を，株式の資本コストで現在価値へと割り引いた額に等しい」のである。

したがって，ある銘柄の今日時点 (時点 t としよう) の 1 株の価値たる理論株価を V_t とし，(今日時点で入手可能な情報にもとづいた) j 年後の 1 株当たりの期待配当を $\mathrm{E}(D_{t+j})$，株式投資家が期待するリターン (企業にとっての株式の資本コスト) を年間当たり $\mathrm{E}(R)$ とするならば，

$$\underbrace{V_t}_{\text{今日時点の理論株価}} = \underbrace{\left(\frac{\mathrm{E}\left(D_{t+1}\right)}{(1+\mathrm{E}(R))}\right)}_{\text{1 年後の期待配当の割引現在価値}} + \underbrace{\left(\frac{\mathrm{E}\left(D_{t+2}\right)}{(1+\mathrm{E}(R))^2}\right)}_{\text{2 年後の期待配当の割引現在価値}} + \cdots$$

$$= \sum_{j=1}^{\infty} \frac{\mathrm{E}\left(D_{t+j}\right)}{(1+\mathrm{E}(R))^j} \tag{4.3}$$

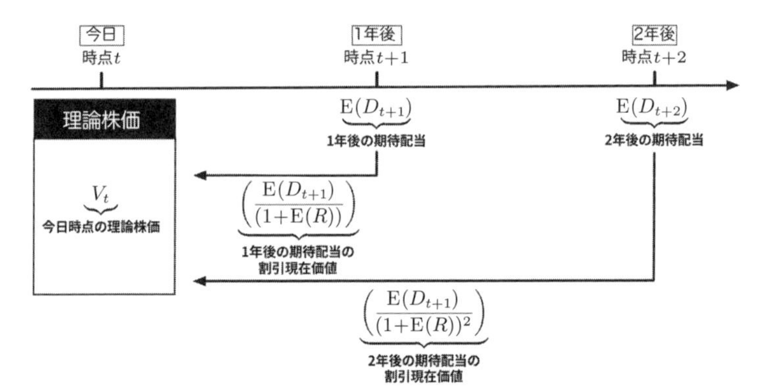

として株式の価値を評価することができる。ここでは，どの企業もゴーイング・コンサーン，すなわち，途中で倒産することなく無限期間にわたって継続するという前提がある。したがって，ある銘柄に投資すれば，理論上将来の無限期間にわたってその企業から配当をもらえる権利を得る。こうして，1 株当たりの株式の価値とは，毎年毎年支払われるであろう 1 株当たりの期待配当を無限期間にわたって現在価値へと変換し，それを足し合わせることによって評価することができるのである。このように将来の期待配当の割引現在価値をもって株式の価値を評価するモデルを**配当割引モデル** (dividend discount model: DDM) という。

4.7 CAPM を利用した期待リターンの推定

1990 年，シャープ (William Sharpe) はノーベル経済学賞を受賞した。彼の功績の 1 つに，ある投資に対するリスクプレミアムや期待リターンを描写したモデル，CAPM を提案したことがあげられる。CAPM とは，皆がすべての証券のリスクや期待リターンなどに対して同一の予想をもつなどのさまざまな諸仮定を前提として導出された，リスクとリターンとの関係式をあらわしたものである。

ここで，図 4.4 のような横軸に後述する β (ベータ) とよばれる各証券のリスク指標をとり，縦軸に各証券の期待リターンをとったグラフを想像してみよう。CAPM が教えてくれるのは，すべての投資の期待リターンは**証券市場線** (security market line: SML) という右肩上がりの直線上に位置するということである。証券市場線を理解するためのキーワードは，マーケットポートフォリオ，マーケットリスクプレミアム，そして，β の 3 つである。

1 つ目のキーワードである**マーケットポートフォリオ**とは，市場で取引されているすべての資産に時価総額ウェイトで投資したポートフォリオを意味する。X，Y，Z の 3 証券しか存在しない株式市場を想定し，それぞれの時価総額は 60 億円，30 億円，10 億円だったとする。このとき，マーケットポートフォリオとは時価総額の大きい A に全投資額の 60%を，B には 30%を，C には 10%を投資するようなポートフォリオを指す。

マーケットポートフォリオに投資するのには，リスクを伴う。そのリスクを

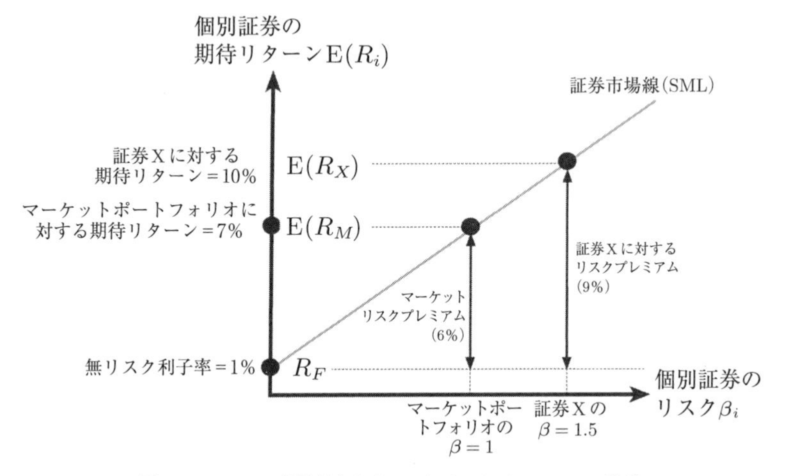

図 4.4　CAPM が想定するリスクとリスクプレミアムの関係

投資家は無償では負担してくれない。マーケットポートフォリオに投資するリスクを勘案し，リスクプレミアムを期待するはずである。マーケットポートフォリオに投資するとき，投資家が期待するリスクプレミアムをマーケットリスクプレミアム (market risk premium: MRP) とよぶ。これが CAPM の 2 つ目のキーワードである。マーケットポートフォリオに投資するときのトータルの期待リターンを $\mathrm{E}(R_M)$ とあらわすならば，マーケットリスクプレミアムはリスクを負担した分だけ無リスク利子率に加えて追加で求められる報酬相当であるから，灰色の $\mathrm{E}(R_M) - R_F$ として計算される (図 4.5)。

3 つ目のキーワードは，β である。β とは，投資のリスクの大小をあらわす指標であり，CAPM の世界では，マーケットポートフォリオに投資するときのリスク，すなわち，マーケットポートフォリオの β を 1 と考える。したがって，マーケットリスクプレミアムは，$\beta = 1$ のリスクを負担することによる報酬として解釈することができる。ここまでを理解すれば，図 4.4 の証券市場線を文字式であらわすことができる。x 軸は任意の証券 i のリスクをあらわす β_i，y 軸は証券 i の期待リターンをあらわす $\mathrm{E}(R_i)$ として，一次関数の基本形である $y = ax + b$ にあてはめて考えると，

$$\underbrace{y}_{\mathrm{E}(R_i)} = \underbrace{a}_{\mathrm{E}(R_M)-R_F} \underbrace{x}_{\beta_i} + \underbrace{b}_{R_F}$$

これを整理して，

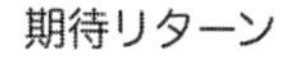

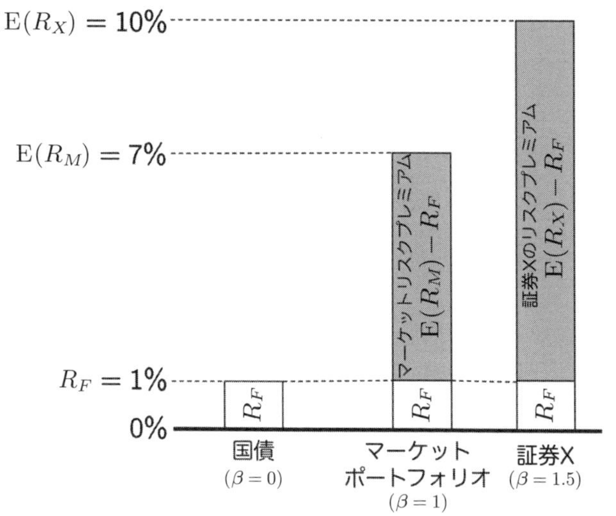

図 4.5　ベータとリスクプレミアムの関係

$$\underbrace{\mathrm{E}(R_i) - R_F}_{\substack{\text{証券 } i \text{ の}\\ \text{リスクプレミアム}}} = \underbrace{\beta_i}_{\text{証券 } i \text{ の } \beta} \times \underbrace{(\mathrm{E}(R_M) - R_F)}_{\substack{\text{マーケット}\\ \text{リスクプレミアム}}} \tag{4.4}$$

こうして，ある証券のリスクプレミアムを知るための関係式たる CAPM が得られた。この式は，証券 i のリスクプレミアムは，その証券 i のリスクをあらわす β_i にマーケットリスクプレミアムを乗じることによって求めることができることを教えてくれる。

各証券の β_i は，マーケットポートフォリオのリスクをベンチマークの 1 として，各証券のリスクがその何倍に相当するかを示したものである。式であらわすと，

$$\beta_i \equiv \frac{\overbrace{\mathrm{Cov}(R_i, R_M)}^{\substack{\text{証券 } i \text{ のリターンと}\\ \text{マーケットポートフォリオの}\\ \text{リターンの共分散}}}}{\underbrace{\mathrm{Var}(R_M)}_{\substack{\text{マーケットポートフォリオの}\\ \text{リターンの分散}}}}$$

となり，証券 i のリターンとマーケットポートフォリオのリターンとの連動性をあらわす共分散 ($\mathrm{Cov}(R_i, R_M)$) をマーケットポートフォリオのリターンの分

散 ($\mathrm{Var}(R_M)$) で割ったものが β_i である。この式は，マーケットポートフォリオのリターンが 1%上昇 (下落) するとき，個別証券のリターンが 1.5%上昇 (下落) するような証券の β_i はマーケットポートフォリオの β である 1 の 1.5 倍 (すなわち，β_i は 1.5) であることを示唆している。CAPM の世界においては，マーケットポートフォリオこそがすべての投資家にとっての共通の接点ポートフォリオ (2.6.5 項参照) になる。このとき，投資家は個別証券のリスクを考えるとき，その証券とマーケットポートフォリオとの連動性だけに関心をもつ。マーケットポートフォリオのリターンが上昇 (下落) したとき，それよりも大きくリターンが上昇 (下落) する証券はリスクが高く，β も高くなる。(4.4) 式は，リスクの高い高 β 証券に投資するとき，相応の高いリスクプレミアムが求められることを示唆している。

図 4.4 を見ながら，マーケットポートフォリオの 1.5 倍のリスクをもつ証券 X のリスクプレミアムと期待リターンを求めてみよう。証券 X のベータは 1.5 である。無リスク利子率 (R_F) が 1%，マーケットリスクプレミアム ($\mathrm{E}(R_M) - R_F$) が 6%のとき，証券 X のリスクプレミアムは，(4.4) 式にそれぞれの数字をあてはめて，

$$\underbrace{\mathrm{E}(R_X) - R_F}_{\substack{\text{証券 } X \text{ の}\\ \text{リスクプレミアム}}} = \underbrace{\beta_X}_{\mathbf{1.5}} \times \underbrace{(\mathrm{E}(R_M) - R_F)}_{\mathbf{6\%}} = 9\%$$

と求めることができ，さらに，左辺の R_F を右辺へと移項することによって，証券 X に対する期待リターン ($\mathrm{E}(R_X)$) を求めることができる。

$$\underbrace{\mathrm{E}(R_X)}_{\substack{\text{証券 } X \text{ の}\\ \text{期待リターン}}} = \underbrace{R_F}_{\mathbf{1\%}} + \underbrace{\beta_X}_{\mathbf{1.5}} \times \underbrace{(\mathrm{E}(R_M) - R_F)}_{\mathbf{6\%}} = 10\%$$

4.8 DDM による株式価値評価の実践

市場が効率的ではなく，ある銘柄のファンダメンタルズを十分に反映しない誤った価格形成がおこなわれている状況を想像しよう。そのとき，ファンダメンタル投資家は，適切にその銘柄の価値を評価することさえできれば，理論株価 (V) と実際に成立している株価 (P) とを対比させることで，どの銘柄が割

安・割高に形成されているかを推し量ることができる。投資家が評価した理論株価 V を実際の株価 P によって除した比率は，value-to-price ratio(V/P) とよばれる。V/P が 1 を上回る (下回る) 銘柄は理論株価に比して実際の株価が安い (高い) 状態，すなわち，割安 (割高) に価格形成されていることを示唆するからロング (ショート) するという意思決定がなされる。時の経過とともに，実際の株価が首尾よく理論株価に収束すれば，この投資戦略から高いリターンが得られるというわけである。

ここで，関西電力を例に，2018 年 6 月末時点で DDM をベースに理論株価の推定値 $\hat{V}_{2018/06}$ を求め，当該銘柄の $\hat{V}/P$ (理論株価の推定値を元にした V/P) を計算する流れをみてみよう。

4.8.1　Step 1. 期待リターン (企業にとっての株式の資本コスト) の推定

4.7 節では，証券 X のベータたる β_X は 1.5 と所与のものとして与えられていたが，実際に特定銘柄のベータを考える際は，その銘柄のリターンとマーケットポートフォリオとの連動関係を過去のデータから推し量り，その銘柄の β を推定する方法がとられるのが一般的である。関西電力の $\beta_{\text{関西電力}}$ の推定にもちいられる回帰モデルは，次のとおりである。

$$\underbrace{R_{\text{関西電力},t} - R_{F,t}}_{\substack{\text{関西電力の}\\ \text{月次 } t \text{ の超過リターン}}} = \alpha_{\text{関西電力}} + \beta_{\text{関西電力}} \underbrace{(R_{M,t} - R_{F,t})}_{\substack{\text{月次 } t \text{ の}\\ \text{マーケットポートフォリオの}\\ \text{超過リターン}}} + \underbrace{u_{\text{関西電力},t}}_{\text{誤差項}}$$

被説明変数は，月次 t における関西電力の超過リターンである。ここでの超過リターンとは，関西電力に投資するというリスクを負うことで，リスクゼロの投資に対するリターンたる無リスク利子率をどれほど上回るリターンが得られたか $(R_{\text{関西電力},t} - R_{F,t})$ を指し，2.3 節で説明した超過リターンとは意味が異なるので注意が必要である。説明変数には，同じく超過リターンを据えるが，そちらは月次 t のマーケットポートフォリオの超過リターンである。

このモデルをもとに $\beta_{\text{関西電力}}$ を推定するために，以下のような 2018 年 6 月から遡ること 5 年分，計 60 ヶ月のデータセットを手元に用意しよう。

年月 month	関西電力の超過リターン $R_{関西電力,t} - R_{F,t}$	マーケットポートフォリオの 超過リターン $R_{M,t} - R_{F,t}$
2013年7月	−11.77	0.22
2013年8月	−8.15	−2.08
2013年9月	14.17	8.47
⋮	⋮	⋮
2018年4月	11.92	3.02
2018年5月	2.35	−1.18
2018年6月	3.19	−0.53

このデータをもとに，横軸にマーケットポートフォリオの超過リターンを，縦軸に関西電力の超過リターンをとった散布図を描けば，計60個の観測値がプロットされることになる。この観測値にもっとも適合する1本の直線をあらわす$(\alpha_{関西電力}, \beta_{関西電力})$の組合せを考えてみよう。それを得るためには，いくつかの方法が考えられるが，もっとも頻用されるのは2.4節で学習したOLSである。

OLSによって推定された切片と傾きの組み合わせを$(\hat{\alpha}_{関西電力}, \hat{\beta}_{関西電力})$と表現しよう。実際に上記のデータセットにもとづいて推定してみると，$(\hat{\alpha}_{関西電力}, \hat{\beta}_{関西電力}) = (-0.38, 1.22)$が得られた。こうして得られた$\hat{\beta}_{関西電力} = 1.22$こそが，関西電力の期待リターンを推定するときにもちいられるベータである。あとは，CAPMが示唆するリスクと期待リターンの関係式を思い出し，マーケットリスクプレミアムさえわかれば関西電力の期待リターンを推定できるというわけである。マーケットリスクプレミアムたる$(\mathrm{E}(R_M) - R_F)$をどのように定めるかについては，さまざまな方法が提案されている。たとえば，実務界では，広範な専門家に対するサーベイ調査の結果が利用されることがおおいが，ここでは，1977年から期待リターンの推定時点である2018年6月までの超長期にわたる過去の$R_{M,t} - R_{F,t}$の平均値をもって，マーケットリスクプレミアムとしよう[*2)]。その平均値とは月当たり0.3%である。また，無リスク利子率たる$R_{F,t}$は2018年6月の10年物の国債利回りである0.003%（月間）を利用しよう。こうして，期待リターンを推定するためのすべてのデータが出揃い，

*2) このように推定時点までに得られているすべての過去実現値の平均値をとる方式をリカーシブ方式とよび，他方，推定時点から遡ること，たとえば10年間なら10年間という決まった期間の平均値をとる方式をローリング方式とよぶ。

$$\underbrace{\mathrm{E}(R_{関西電力})}_{\substack{関西電力の\\月間期待リターン}} = \underbrace{R_F}_{\mathbf{0.003\%}} + \underbrace{\hat{\beta}_{関西電力}}_{\mathbf{1.22}} \times \underbrace{(\mathrm{E}(R_M) - R_F)}_{\mathbf{0.3\%}} = 0.369\% \tag{4.5}$$

が得られる。ただし，こうして得られた期待リターンは，月次データにもとづいて推定されたものであるから，月間の期待リターンである。年間の配当の割引現在価値をもって理論株価を評価しようとする DDM を実行する場合にもちいられるのは，年間の期待リターンである。したがって，月間の期待リターンに 1 年間の月数である 12 を乗じた $0.369\% \times 12 = 4.428\%$ が，理論株価を評価するときにもちいる関西電力の期待リターンとなる。この 4.428%が関西電力という銘柄に投資するときのリスクを反映した年間の期待リターンであり，将来の期待配当を現在価値に割り引く際にもちいる割引率となる。

4.8.2 Step 2. 将来の期待配当の流列を仮定する

(4.3) 式の DDM を思い出そう。このモデルをもとに株式価値評価を実践しようとすると，理論上，将来無限期間にわたる 1 株当たりの配当の予測が必要となる。しかし，現実には，将来の配当の流列に関して，現実妥当的な仮定をおくことで将来予測を単純化し，価値評価をおこなうことになる [*3)]。東日本大震災以降，ややその傾向は鈍化したものの，電力会社は毎期一定額の配当を支払う傾向にあることが知られている。2018 年 6 月末時点において，2019 年も 50 円，2020 年も同様に 50 円というふうに毎期 1 株当たり 50 円の配当を永続的に受け取れると期待されたとする。その仮定のもとで，(4.3) 式を考えてみよう。

$$\underbrace{\hat{V}_{2018/06}}_{\substack{\mathbf{2018/06}\ 末の\\関西電力の理論株価}} = \underbrace{\left(\frac{50}{(1+4.428\%)}\right)}_{\substack{\mathbf{1}\ 年後の期待配当の\\割引現在価値}} + \underbrace{\left(\frac{50}{(1+4.428\%)^2}\right)}_{\substack{\mathbf{2}\ 年後の期待配当の\\割引現在価値}} + \cdots$$

右辺は，初項が第 1 項，すなわち，$50/(1+4.428\%)$，公比が $1/(1+4.428\%)$ の無限等比級数の形になっている。公比が -1 から 1 の間にあるとき，無限等比級数は初項/(1 − 公比) に収束する。この公式を利用すると，次式のとおり，

*3) 単純に配当予測をおこなう場合であったとしても，実際には売上高予測から始まり，企業の経済活動の動向を適切に反映した予測 B/S や予測 P/L を作成した後，その企業の配当動向を加味して配当予測をおこなうという財務モデリングの技術が必要となる。

理論株価を評価することができる。

$$\hat{V}_{2018/06} = \frac{\overbrace{\left(\frac{50}{(1+4.428\%)}\right)}^{\text{初項}}}{1-\underbrace{\left(\frac{1}{1+4.428\%}\right)}_{\text{公比}}} = \frac{50}{4.428\%} \approx 1,129 \tag{4.6}$$

4.8.3 Step 3. $\hat{V}/P$ を計算して，売買の意思決定に活用する

最後に 2018 年 6 月末時点の当該企業の $\hat{V}/P$ を計算してみよう。当該企業のその時点の株価 $P_{2018/06}$ は 1,616 であった。したがって，

$$\text{関西電力の 2018 年 6 月末の } \hat{V}/P = \frac{\hat{V}_{2018/06}}{P_{2018/06}} = \frac{1,129}{1,616} \approx 0.70 \tag{4.7}$$

こうして計算された $\hat{V}/P$ は 1 を下回り，DDM をベースにして評価された理論株価 $\hat{V}$ に比して，株価 P が割高に形成されていることを意味する。したがって，2018 年 6 月末時点において，ファンダメンタル投資家は，その銘柄はショートすべきという意思決定をおこなうことになる。

ここでは，DDM をベースに将来の配当が永続するというもっとも単純な仮定のもとで理論株価を評価する流れを提示したにすぎない。もっと複雑な仮定をおくことも可能であるし，また，株式価値評価モデルは DDM に限らず，ほかにもさまざまなモデルも提案されているので，そうした代替的なモデルを利用することも可能である。したがって，実践上は，分析者がもっとも適当と考えるモデルをベースにして，現実適合的な仮定を置いて理論株価を評価することになる。ある研究は，残余利益モデルという評価モデルをベースに，アナリストによる予想利益をモデルにインプットして各銘柄の $\hat{V}/P$ を計算し，それをもとに低 $\hat{V}/P$ 銘柄をショートし，高 $\hat{V}/P$ 銘柄をロングすることで，実際に高いリターンを獲得できるという研究結果を発表している[1)]。

4.9 V/P 戦略の実装

実際に，Python を利用して，2013 年 6 月時点で産業 A に属する各銘柄の $\hat{V}/P$ を計算して，それが 1 を上回り，割安と判断された銘柄でポートフォリオ

を構築し，その後の 1 年間にわたり，等加重で運用した場合と時価総額加重で運用した場合で各月ごとのリターンを比較してみよう。$\hat{V}$ の算定にあたり，各銘柄の期待リターン (企業にとっての株式資本コスト) は，前節の関西電力の例と同じように，過去 60 ヶ月，すなわち，2008 年 7 月から 2013 年 6 月までの月次データを利用して，β を推定し，マーケットリスクプレミアムは月間 0.3%として，そして，無リスク利子率は 2013 年 6 月の RF をそのまま利用して計算する。また，理論株価は，毎期一定額の配当が永続することを仮定した DDM を前提とする。

処理の流れは図 4.6 のとおりである。以下に示す 3 つのデータを入力データとして作業を進めていこう。

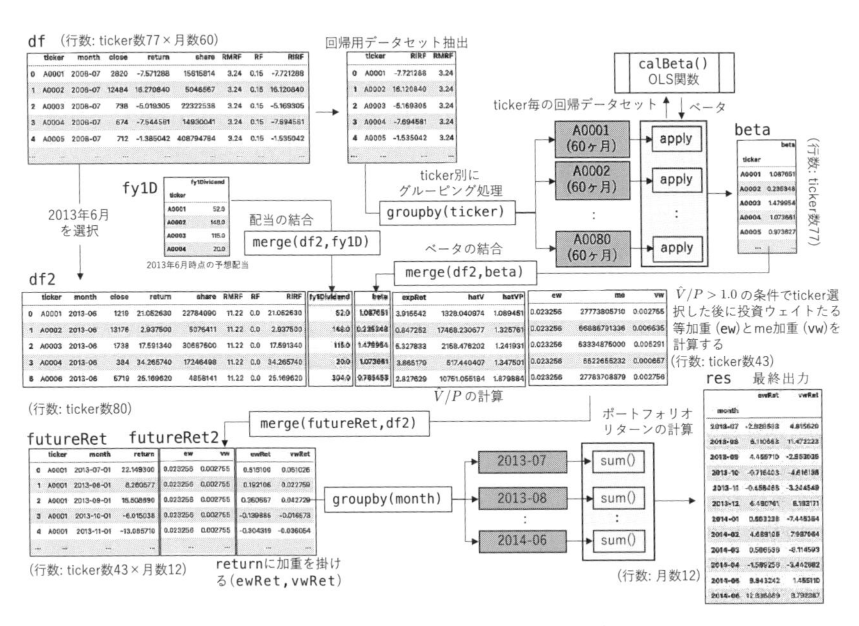

図 4.6　V/P にもとづくポートフォリオの構築と評価の流れ図

- df：各銘柄の β を推定するための 2008 年 7 月から 2013 年 6 月の銘柄別月次リターンデータ (stockMonthly.csv)。ffMonthly.csv からマーケットポートフォリオの超過リターン (RMRF) や無リスク利子率 (RF) を取得して，上記と結合したデータ。
- futureRet：ポートフォリオの運用結果を評価するため 2013 年 7 月から

2014年6月までの銘柄別月次リターンデータ (stockMonthly.csv)。

- fy1D：各銘柄の2013年6月時点での最新予想1株当たり配当データ (dividendData.csv)。

これらのデータから，割安銘柄を選択し (df2)，その銘柄群を2013年7月から1年間運用した時の等加重平均リターン (ewRet) と時価総額 (me) による加重平均リターン (vwRet) を最終出力している (rsl)。

それでは具体的な処理内容を確認していこう。まず，3つの入力データ (df, futureRet, fy1D) を作成するプログラムをコード4.1に示している。CSVデータの読み込みと行選択／列選択が主で特に難しい点はない。

コード4.1 ライブラリの読み込みと入力データの準備

```
1  import pandas as pd
2  import statsmodels.api as sm
3
4  # 各銘柄のβ推定などに利用するffMonthly.csvを読み込み
5  ffMonthly = pd.read_csv('./data/ffMonthly.csv', parse_dates=['month
       '])
6  ffMonthly['month'] = ffMonthly['month'].dt.to_period('M')
7  print(ffMonthly)
8  ##         month   RMRF   SMB   HML    RF
9  ## 0    1990-07  20.67 -1.56 -5.16  0.68
10 ## 1    1990-08 -13.69 -3.63  0.98  0.66
11
12 # 必要なデータの選択 (行と列の選択)
13 # 産業A(tickerがAから始まる)の月次リターンデータを読み込み
14 stockMonthly = pd.read_csv('./data/stockMonthly.csv', parse_dates=['
       month'])
15 stockMonthly['month'] = stockMonthly['month'].dt.to_period('M')
16 stockMonthly = stockMonthly[stockMonthly['industry'] == 'A']
17
18 # β推定のために，2008/7-2013/6の60ヶ月のデータを選択
19 df = stockMonthly[(stockMonthly['month'] >= '2008-7') &
20                   (stockMonthly['month'] <= '2013-6')].copy()
21 df = df[['ticker', 'month', 'close', 'return', 'share']]
22 # ffMonthlyを結合し各銘柄の月次超過リターン (RIRF)を求める
23 df = pd.merge(df, ffMonthly[['month', 'RMRF', 'RF']], on='month')
24 df['RIRF'] = df['return'] - df['RF']
25 print(df)
26 ##    ticker   month  close     return     share  RMRF   RF       RIRF
27 ## 0   A0001 2008-07   2820  -7.571288 15815814  3.24 0.15  -7.721288
28 ## 1   A0002 2008-07  12484  16.270840  5046567  3.24 0.15  16.120840
```

```
29
30  # V/P 推定後の運用期間データの選択
31  futureRet = stockMonthly[(stockMonthly['month'] >= '2013-7') &
32                           (stockMonthly['month'] <= '2014-6')]
33  futureRet = futureRet[['ticker', 'month', 'return']]
34  print(futureRet)
35  ##        ticker    month     return
36  ## 270     A0001  2013-07  22.149300
37  ## 271     A0001  2013-08   8.260577
38
39  # 各銘柄の 1期先の予想配当データの読み込み
40  fy1D = pd.read_csv('./data/dividendData.csv')
41  print(fy1D)
42  ##    ticker  fy1Dividend
43  ## 0   A0001         52.0
44  ## 1   A0002        148.0
```

次に ticker 別にベータを推定する (コード 4.2)。pandas で「○○別」に何かを計算するときは決まって groupby() がもちいられる (14 行目)。このメソッドに与えるのはグループをあらわす列名で (ここでは ticker) である。

groupby() は，コード 2.19 でみたように，行をずらしたり合計するなどの単純な計算であれば，shift() や sum() などの用意されたメソッドをもちいればよいが，今回のケースのような OLS で推定された係数を返すといったメソッドは用意されておらず，そのような場合は，ユーザ関数を定義して apply() でよび出す必要がある。コード 4.2 では，2〜5 行目が OLS によって β を推定するユーザ関数であり，各グループの内容を第 1 パラメータ d で受け取っている。

回帰モデルの構築には 2.4 節で解説した statsmodels ライブラリをもちいており，推定されたベータの値を return で返している (5 行目)。ユーザ関数から返されたこの値は，groupby() が受け取り，集計キー (ここでは ticker) を行ラベルとした Series データとして出力する (15 行目の beta)。このデータは後で DataFrame に結合するので，ここで名前を設定しておく。そうすることで，その名前が DataFrame 上の列名となる。

コード 4.2 ticker 別にベータを推定する

```
1  # 単回帰でβを推定する関数
2  def calBeta(d):
3      model = sm.OLS(d['RIRF'], sm.add_constant(d['RMRF']))  # 単回帰モ
       デル
```

```
4       res = model.fit()  # OLS による回帰係数の推定
5       return res.params['RMRF']  # 推定された定数項とRMRF の回帰係数
6
7
8   print(df[['ticker', 'RIRF', 'RMRF']])
9   ##      ticker       RIRF   RMRF
10  ## 0     A0001  -7.721288   3.24
11  ## 1     A0002  16.120840   3.24
12
13  # 銘柄ごとにβを推定
14  beta = df[['ticker', 'RIRF', 'RMRF']].groupby('ticker').apply(calBeta
      )
15  beta.name = 'beta'
16  print(beta)
17  ## ticker
18  ## A0001    1.087651
19  ## A0002    0.235348
20  ##            ...
21  ## A0079    0.449321
22  ## A0080    0.826608
23  ## Name: beta, Length: 77, dtype: float64
```

次にポートフォリオを構成する割安の銘柄を選択する処理についてみていこう (コード 4.3)。2013 年 6 月のデータのみを `df` から選択し，すべての列を残したまま計算に必要な列を次々に追加していく。まずは，予想 1 株当たり配当と先に推定された β (`beta`) を `ticker` をキーにして結合する。後は (4.5) 式や (4.6) 式，(4.7) 式を参考にしながら計算を進めれば $\hat{V}/P$ (`hatVP`) が求まる (10〜13 行目)。そして最後に $\hat{V}/P > 1$ の条件で行を選択すれば割安銘柄が選択されたことになる (16 行目)。この例では 77 銘柄中 43 銘柄が選ばれている (17 行目)。

ここで，選ばれた銘柄の投資ウェイトを等加重で運用する場合 (`ew`) と時価総額加重で運用する場合 (`vw`) のそれぞれについてあわせて計算しておく。これらの値は次のポートフォリオの運用結果を計算するのに利用する。等加重は，`1.0` を行数 (選択された `ticker` 数) で割れば求まるが (20 行目)，この値はスカラ (単一の数値) であり，スカラを DataFrame の列として設定した場合は，すべての行に対してその値がセットされる。このような処理はブロードキャスト (broadcast) とよばれる。

他方，時価総額の加重では，まず，終値 (close) と発行済み株式数 (share) を掛けることで時価総額 (me) を求める (21 行目)。そして次の行で，Series である時価総額 df2['me'] をスカラである時価総額の合計 df2['me'].sum() で割ることで時価総額の加重を計算している。これもまたブロードキャスト処理であり，スカラの値は Series のすべての値に対して展開され割り算が実行される。

コード 4.3　2013 年 6 月の株価データから割安株を選択するプログラム

```
1  # ポートフォリオを組成する銘柄の選択と投資ウェイトの計算
2  # 各銘柄の 2013年 6月末時点のV/P を計算するため，2013-06を選択,予想配当や β
       も結合
3  df2 = df[df['month'] == '2013-06'].copy()
4  df2 = pd.merge(df2, fy1D, on='ticker')
5  df2 = pd.merge(df2, beta, on='ticker')
6
7  # 各銘柄のV/P の推定値 (hatVP)の計算
8  # 年間の期待リターン (企業にとっての株式の資本コスト)単位は (%)
9  # マーケットリスクプレミアムは月間 0.3%とする
10 df2['expRet'] = (df2['RF'] + df2['beta'] * 0.3) * 12
11 # 毎期fy1Dividend の配当が永続すると仮定した理論株価
12 df2['hatV'] = df2['fy1Dividend'] / (df2['expRet'] / 100)
13 df2['hatVP'] = df2['hatV'] / df2['close']  # 2013年 6月末時点で推定され
       たV/P
14
15 # hatVP が 1 を上回る割安株だけを抽出
16 df2 = df2[df2['hatVP'] > 1.0]
17 print('len(df2):', len(df2))  # 43
18
19 # 抽出された割安株で構成されたポートフォリオを等加重と時価総額加重で運用する
       ための投資ウェイトを計算しておく
20 df2['ew'] = 1.0 / len(df2)  # 等加重で運用する場合の各銘柄に対する投資ウ
       ェイト
21 df2['me'] = df2['close'] * df2['share']  # 各銘柄の時価総額 (= 株価 ×
       発行済み株式数)
22 df2['vw'] = df2['me'] / df2['me'].sum()  # 時価総額加重で運用する場合の
       各銘柄に対する投資ウェイト
23 print(df2)
```

以上の計算結果 df2 の内容を図 4.7 に示す。このように計算過程を列としてすべて残しておくことで，検算がしやすくなる。

こうして，2013 年 6 月末時点までのデータを利用して，ポートフォリオを構成する銘柄を選択できたので，その後の 1 年間の運用結果も評価をしておこ

	ticker	month	close	return	share	RMRF	RF	RIRF	fy1Dividend	beta	expRet	hatV	hatVP	ew	me	vw
0	A0001	2013-06	1219	21.052630	22784090	11.22	0.0	21.052630	52.0	1.087651	3.915542	1328.040974	1.089451	0.023256	27773805710	0.002755
1	A0002	2013-06	13176	2.937500	5076411	11.22	0.0	2.937500	148.0	0.235348	0.847252	17468.230677	1.325761	0.023256	66886791336	0.006635
2	A0003	2013-06	1738	17.591340	30687500	11.22	0.0	17.591340	115.0	1.479954	5.327833	2158.476202	1.241931	0.023256	53334875000	0.005291
3	A0004	2013-06	384	34.265740	17246498	11.22	0.0	34.265740	20.0	1.073661	3.865179	517.440407	1.347501	0.023256	6622655232	0.000657
5	A0006	2013-06	5719	25.169620	4858141	11.22	0.0	25.169620	304.0	0.785453	2.827629	10751.055184	1.879884	0.023256	27783708379	0.002756
7	A0008	2013-06	1245	10.079580	3485255	11.22	0.0	10.079580	79.0	1.001285	3.604625	2191.628974	1.760345	0.023256	4339142475	0.000430
8	A0009	2013-06	1057	1.148325	28824464	11.22	0.0	1.148325	73.0	0.832449	2.996817	2435.917905	2.304558	0.023256	30467458448	0.003022

図 4.7　$\hat{V}/P > 1$ の銘柄群および投資ウェイトの計算結果

う。コード 4.4 にそのプログラムを示す。運用期間は，銘柄選択を行った 2013 年 6 月の翌月から 1 年間である。このデータはコード 4.1 で `futureRet` にすでにセットされている。`futureRet` は 77 の全銘柄を含んでいるので，そこからポートフォリオ構成銘柄のみを選択する。ここでは，`df2` の投資ウェイト `ew`，`vw` を結合 (`merge`) することで選択も実現している (4 行目)。`futureRet` には全 77 の `ticker` が含まれているが，`df2` には 43 しか含まれていない。このように結合キーの構成が異なる表を結合すると，デフォルトでは共通のキーのみが出力される。これは内部結合 (inner join) とよばれる方法である [*4]。よって，コード 4.4 の 4 行目の結合では，`futureRet` と `df2` の共通キー，すなわち `df2` 上の `ticker` のみが選択されることになる。

あとは，`ticker` のリターンに投資ウェイトをかけて合計すれば，等加重で運用した場合と時価総額加重で運用した場合のポートフォリオ・リターンたる等加重平均リターンと時価総額加重平均リターンが求まる。その結果は表 4.2 に示されるとおりである。

コード 4.4　ポートフォリオの評価

```
1  # 割安株で構成されたポートフォリオの運用結果
2  # 運用期間のデータに等加重と時価総額加重の場合のそれぞれの投資ウェイトを結合
       し，等加重平均リターンと加重平均リターンをそれぞれ求める
3  # ticker をキーに結合
4  futureRet2 = pd.merge(futureRet, df2[['ticker', 'ew', 'vw']], on='
       ticker')
5
6  futureRet2['ewRet'] = futureRet2['return'] * futureRet2['ew']
7  futureRet2['vwRet'] = futureRet2['return'] * futureRet2['vw']
8  print(futureRet2)
9  ##      ticker     month     return          ew          vw     ewRet      vwRet
```

*4)　内部結合以外にも，左外部結合 (left outer join)，右外部結合 (right outer join)，外部結合 (outer join) がある。`merge()` のデフォルトは内部結合で，`join()` のデフォルトは左外部結合である。詳細は本書のサポートサイトを参照されたい。

```
10 ## 0     A0001  2013-07 22.149300  0.023256 0.002755 0.515100 0.061026
11 ## 1     A0001  2013-08  8.260577  0.023256 0.002755 0.192106 0.022759
12
13 # 上で計算されたewRet と vwRet を月ごとに足し合わせれば完成
14 rsl = futureRet2[['month', 'ewRet', 'vwRet']].groupby('month').sum()
15 print(rsl)
16 ##                ewRet      vwRet
17 ## month
18 ## 2013-07  -2.828633   4.815620
19 ## 2013-08   6.110663  11.472223
```

表 4.2 産業 A を対象にした V/P 戦略の運用結果

年月 month	等加重平均リターン ewRet	時価総額加重平均リターン vwRet
2013-07	−2.828633	4.815620
2013-08	6.110663	11.472223
2013-09	4.455710	−2.963035
2013-10	−0.715403	−4.616138
2013-11	−0.458468	−3.244549
2013-12	6.490761	5.193171
2014-01	0.563238	−7.445364
2014-02	4.689105	7.937064
2014-03	0.506536	−8.114593
2014-04	−1.589256	−3.442882
2014-05	9.843242	1.455110
2014-06	12.836869	8.792387

章末問題

(1) 4.9 節ではマーケットリスクプレミアムが月間 0.3%と仮定して，各銘柄の期待リターンを推定し，理論株価を評価した。最近のサーベイ調査によるとマーケットリスクプレミアムは月間 0.51%であるという。マーケットリスクプレミアムを月間 0.51%として，改めて $\hat{V}/P$ が 1 を上回る割安株で構成されたポートフォリオを構築し，向こう 1 年間において等加重で運用した場合と時価総額加重で運用した場合のリターンを比較してみよう。

(2) 問題 (1) の等加重平均リターンの結果を利用し，マーケットポートフォリオリターン (RM) をベンチマークとする超過リターンを計算し，2013 年 6 月を超過リターンゼロとして始め，2013 年 6 月から 2014 年 6 月までの各月の累積超過リターンを描画してみよう。横軸は年月であり，縦軸は各月の累積超過リターンの図を出力するのが目標である。

(3) 問題 (1) で抽出された銘柄数は，マーケットリスクプレミアムを 0.3%にした場合と比較して，増えたのか減ったのかを検討し，その理由を考えてみよう。

文　　献

1) Frankel, R. and Lee, C. M. C. (1998). Accounting valuation, market expectation, and cross-sectional stock returns. *Journal of Accounting and Economics*, 25, pp. 283–319.

Chapter 5

ポートフォリオの評価と資産価格評価モデル

丹念なファンダメンタル分析の末，複数の銘柄をピックアップしてポートフォリオを構築し，実際に取引を実行したとしよう。あなたの銘柄選択はよかったのかわるかったのか，そして，どれほど良好なパフォーマンスを上げることができたのだろうか。本章では，ポートフォリオのパフォーマンス評価の方法の1つであるアルファを中心に学習しよう。

5.1 パフォーマンスを評価するとは？

株式市場では，大損する可能性も甘んじて受け入れるならば，高いリターンを得ることはそれほど難しくない。高いリターンを求めたいだけならば，リスクの高い銘柄群に投資すればよい。株取引の世界はハイリスク・ハイリターンである。したがって，リスクの高い銘柄群に投資すれば，平均的に高いリターンを得ることができるのは当然の帰結である。平均的にということは，大損することもあれば，大きな利益をとることもあるという意味である。

ファンダメンタル投資家が目指す高いリターンとは，単純にリスクの高い銘柄群に投資することによって得られる高いリターンではない。彼らが追求するのは，そのポートフォリオのリスクに応じた期待リターンを上回る実現リターンである。たとえば，ポートフォリオのリスクに応じた期待リターンが年間7%で，実際に実現したリターンが10%だったとしよう。このとき，期待リターンを3%も上回るリターンを獲得できたのは，その銘柄選択が良好だった結果ととらえ，それを行った投資家は周囲から賞賛されるというわけである。いかに期待リターンを上回るリターンを得ることができるのか，それこそがファンダメンタル投資家の腕の見せ所である。

そのポートフォリオのリスクに応じた期待リターンを上回って獲得したリター

ンのことをジェンセン **(Jensen)** のアルファ (Jensen's alpha/Jensen's measure) とか，単にアルファとよぶ。先ほどの例でいえば，アルファは 3%というわけである。では，ポートフォリオのリスクに応じた期待リターンとは一体どのようなものであろうか。ここで，前章で学習した CAPM が生きてくるのである。CAPM が示唆するのは，すべての投資が SML 上に並ぶというものであった。したがって，1 銘柄に投資した場合でも，複数銘柄に投資した場合でも同じように考えることができ，CAPM を前提とすれば，あるポートフォリオのリスクに応じた期待リターンを知ることができる。いま，仮に図 5.1 のように β_p のリスクをもつポートフォリオに投資した場合を考えよう。CAPM のもとでは，β_p のリスクに見合う期待リターンは，SML 上の β_p に呼応する $R_F + \beta_p(\mathrm{E}(R_M) - R_F)$ になる。ここで，そのポートフォリオに実際に投資したときのリターンが R_p とするならば，そのポートフォリオのアルファたる α_p は，次のようにあらわすことができる。

$$\underbrace{\alpha_p}_{\text{ポートフォリオ } p \text{ のアルファ}} = \underbrace{R_p}_{\text{ポートフォリオ } p \text{ の実際のリターン}} - \underbrace{\left[R_F + \beta_p(\mathrm{E}(R_M) - R_F)\right]}_{\text{ポートフォリオ } p \text{ のベータに応じた期待リターン}} \tag{5.1}$$

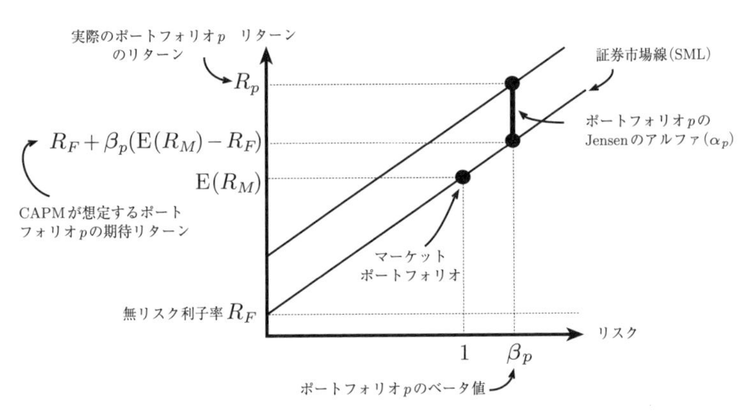

図 5.1　CAPM を前提とした場合におけるポートフォリオ p の Jensen のアルファ

ある特徴をもつ銘柄群に投資すれば，高いリターンを得ることができるかもしれないという投資戦略を思いついたとしよう。すぐさまその投資戦略を実行する人もいるが，賢明な投資家は，その投資戦略がうまくいくかどうかを事前に評価するため，バックテスト (back test) をおこなう。バックテストとは，タイムマシーンに乗って過去に戻り，その戦略を実行していたら，どの程度のアルファを獲得できていたか (ポートフォリオのリスクはどの程度か) をテストするというものである。過去のデータを利用したバックテストにより，実際にその戦略がプラスのアルファを獲得できた戦略であることが確認できれば，将来も同じような値動きを期待し，その戦略を実行に移すというわけである。思惑どおりに値が動けば，その投資戦略によって，プラスのアルファを得ることができるのである。

一方で，株取引においては，結果こそがすべてである。したがって，事前にプラスのアルファが見込めるポートフォリオに投資しても，実際に投資した結果，マイナスのアルファを喰らってはその投資は失敗だったといえる。あるポートフォリオへ投資した結果として，実際にプラスのアルファが得られたか否かも，また重要である。そこで，次節では，投資を行った後に行われる事後のパフォーマンス評価を例にアルファを推定する具体的な手順を確認していこう。

5.2 CAPM アルファにもとづく投資評価

あるポートフォリオのアルファを示した (5.1) 式について，ポートフォリオの超過リターン，すなわち，ポートフォリオのリターンから無リスク利子率を差し引いた $R_p - R_F$ を左辺に据えて，整理してみよう。

$$R_p - R_F = \alpha_p + \beta_p(\mathrm{E}(R_M) - R_F)$$

こうして得られた式だけみても，そもそもポートフォリオのアルファたる α_p や β_p をどのように求めるかの手がかりはまだないし，また，$\mathrm{E}(R_M)$ が一体何%なのかも検討がつかない。しかし，ひとたび $\mathrm{E}(R_M)$ を過去のマーケットポートフォリオのリターンの実現値たる R_M で代用し，加えてポートフォリオを運用した月数 (または，日数) が複数あれば，下記の回帰モデルを設定して，それを推定することで，未知のパラメータである α_p や β_p の推定値を得ることができるのである。被説明変数はポートフォリオ p の月次 t のリターン $(R_{p,t})$ から同月の無リスク利子率 $(R_{F,t})$ を差し引いたポートフォリオ p の月次 t の超過リターンである。他方，説明変数は月次 t のマーケットポートフォリオのリター

ン ($R_{M,t}$) から $R_{F,t}$ を差し引いたマーケットポートフォリオの超過リターンである。

$$R_{p,t} - R_{F,t} = \alpha_p + \beta_p(R_{M,t} - R_{F,t}) + u_{p,t} \tag{5.2}$$

ラッキーセブンに由来して 7 というのは不思議におおくの人を惹きつけ，証券コードを示す `ticker code` が 7 の銘柄に投資すればきっと儲かるはずだと突如閃いたとしよう [*1)]。2011 年 6 月末からすぐさま投資戦略を実行し，毎年 7 月の初めに `ticker` が 0007 で終わる銘柄をさがしては，それらの銘柄に同じウェイト (等加重) で投資し，7 月から翌年 6 月まで 1 年間運用することを 2014 年 6 月まで 36 ヶ月間続けた。果たして，この証券コードのナンバーにもとづく突拍子のないラッキーセブン戦略は，プラスのアルファをもたらし，よい戦略だったといえるであろうか。それを検証するために，用意するデータセットは，次の表 5.1 のとおりである。$R_{p,t}$ は，`ticker` が 0007 で終わる銘柄群からなるポートフォリオ p の各月における等加重平均リターンを表している。

表 5.1　ラッキーセブン戦略の CAPM アルファを推定するために用意するデータセット

年月 month	ポートフォリオ p の 実現リターン $R_{p,t}$	無リスク 利子率 $R_{F,t}$	ポートフォリオ p の 超過リターン $R_{p,t} - R_{F,t}$	マーケットポートフォリオの 超過リターン $R_{M,t} - R_{F,t}$
2011-07	11.67	0.00	11.67	2.02
2011-08	7.90	0.01	7.89	3.99
2011-09	−5.96	0.00	−5.96	−7.42
⋮	⋮	⋮	⋮	⋮
2014-04	0.16	0.00	0.16	−2.46
2014-05	10.47	0.00	10.47	5.36
2014-06	10.85	0.00	10.85	8.02

そうすると，被説明変数たる $R_{p,t} - R_{F,t}$ と説明変数たる $R_{M,t} - R_{F,t}$ について，36 ヶ月分の計 36 組のペアを得ることができる。そのデータセットをもとにして，もっともあてはまりがよい $(\hat{\alpha}_p, \hat{\beta}_p)$ の組合せを OLS を利用して得る

[*1)] 証券コードの番号にもとづく投資戦略というのは，なんと愚かな戦略だろうかと思われるかもしれない。しかし，実は台湾や中国といった市場では，証券コードの番号それ自体が資産価格に及ぼすという確たるエビデンスが存在し，あながちナイーブな戦略とはいえないかもしれない。これらの国や地域では 6，8，9 がラッキーナンバーとして，4 がアンラッキーナンバーとして信じられている。ラッキーナンバーやアンラッキーナンバーを証券コードに含む銘柄群の株価パフォーマンスについては，たとえば，Hirshleifer *et al.* (2018)[4] や Weng (2018)[5] がある。

という流れである。下記の図 5.2 のイメージ図 (実際には点が 36 個プロットされるが，ここでは 5 個に限定している) の実線が，もっともあてはまりのいい直線をあらわし，その切片こそがポートフォリオのアルファの推定値たる $\hat{\alpha}_p$ であり，傾きに相当する $\hat{\beta}_p$ は，そのポートフォリオのリスクをあらわすベータの推定値である。$\hat{\alpha}_p$ が統計的にも有意で正であれば，CAPM を前提として推定されたそのポートフォリオのリスクに見合う期待リターンを，$\hat{\alpha}_p$ だけ上回る高いリターンが得られたことを示唆し，(あくまで CAPM を前提とすれば) 銘柄選択がよかったと評価することができる。他方，推定された $\hat{\beta}_p$ からは，マーケットポートフォリオのリスクである 1 を基準にして，そのポートフォリオのリスクが 1 よりも高かったのか低かったのかを事後的に推し量ることができるのである。

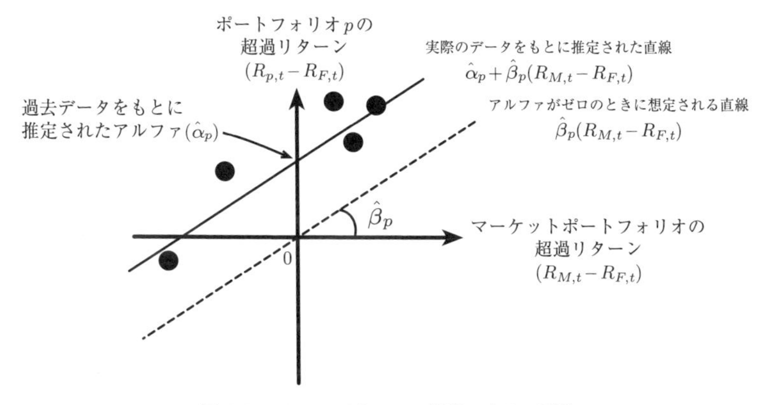

図 5.2 CAPM アルファの推定のイメージ図

実際の推定手順は次節に述べるが，先に結果からみてみよう。ラッキーセブン戦略の結果は，$\hat{\alpha}_p = 1.679$ (単位は%) (t-stat. $= 2.386$) であり，両側 5%水準で統計的にも有意なアルファを獲得できたことを事後的に評価することができる。また，$\hat{\beta}_p = 0.912$ (t-stat. $= 6.84$) であり，1 を下回ることから，マーケットポートフォリオのリスクよりもわずかに低かったといえる。

なお，この例のように月次のデータをもとに推定されたアルファは，あくまで 1 ヶ月当たりの投資パフォーマンスをあらわす尺度である。したがって，年率に換算するためには 1 年間の月数である 12 を掛け合わせればいい。

$$\text{年率のアルファ (の推定値)} = \hat{\alpha}_p \times 12$$

したがって，ラッキーセブン戦略の年率アルファは，$1.679 \times 12 = 20.148$ (%) と投資のプロも真っ青な極めて高い CAPM アルファを獲得できたいい投資戦略であったといえる。残念ながら，これは疑似データを利用した話であり，統計的にも，そして，経済的にも有意なプラスのアルファを獲得できるような新たな投資戦略を現実に見つけるのは至難の業である。ただし，長期にわたってプラスのアルファをもたらす取引戦略もあるし，学術誌にその戦略が掲載されて以降，おおくの人が追随してその戦略をとることによって，アルファが消滅したような戦略もある。今日も世界中のあちこちでプロの投資家や研究者は日々プラスのアルファをもたらしてくれる新たな投資戦略を模索しているのである。

5.3 ラッキーセブン戦略の実装

それではラッキーセブンのポートフォリオを構成するスクリプトを作成していこう。まずコード 5.1 で必要となるデータを選択している。末尾が 0007 の行を選択するためには，Series データである `df['ticker']` について，`str` 属性をもちいて文字列として 0007 と比較すればよい。`str[1:5]` は文字列を位置で選択するスライサで，`ticker` の 1 文字目から 5 文字目未満の文字列を抜き出す。位置は 0 から始まる整数なので 1 以上 5 未満の位置をスライスすると，たとえば A0007 であれば 0007 がスライスされる (2.1.6 項参照)。コード 5.1 で作成された 2 つの入力データ `df`，`ffMonthly` は図 5.3 (左と中央) に示すとおりである。

コード 5.1　ライブラリの読み込みと入力データの準備

```
1  import pandas as pd
2  import statsmodels.api as sm
3
4  # 必要なデータの選択 (行と列の選択)
5  # ticker 末尾が 0007 の 2011/7-2014/6の 36ヶ月のmonth と return
6  stockMonthly = pd.read_csv('./data/stockMonthly.csv', parse_dates=['
       month'])
7  stockMonthly['month'] = stockMonthly['month'].dt.to_period('M')
8  stockMonthly = stockMonthly[stockMonthly['ticker'].str[1:5] ==
       '0007']
9  stockMonthly = stockMonthly[(stockMonthly['month'] >= '2011-7') &
10                             (stockMonthly['month'] <= '2014-6')]
11 stockMonthly = stockMonthly[['month', 'ticker', 'return']]
```

```
print(stockMonthly)
#           month ticker      return
# 1596    2011-07  A0007    0.598007
# 1597    2011-08  A0007    2.245707

# 市場ポートフォリオの超過リターンが収録されたffMonthlyを読み込み
ffMonthly = pd.read_csv('./data/ffMonthly.csv', parse_dates=['month
    '])
ffMonthly['month'] = ffMonthly['month'].dt.to_period('M')
print(ffMonthly)
#         month   RMRF   SMB   HML    RF
# 0     1990-07  20.67 -1.56 -5.16  0.68
# 1     1990-08 -13.69 -3.63  0.98  0.66
```

	month	ticker	return
1596	2011-07	A0007	0.598007
1597	2011-08	A0007	2.245707
1598	2011-09	A0007	-2.131783
1599	2011-10	A0007	4.818482
1600	2011-11	A0007	-3.211587
...	...	...	...

	month	RMRF	SMB	HML	RF
0	1990-07	20.67	-1.56	-5.16	0.68
1	1990-08	-13.69	-3.63	0.98	0.66
2	1990-09	0.63	5.18	1.83	0.60
3	1990-10	-3.76	-5.30	1.84	0.68
4	1990-11	-19.52	-0.50	1.43	0.57
...	...	...	...	...	...

	month	return	RMRF	RF	RPRF
0	2011-07	11.665931	2.02	0.00	11.665931
1	2011-08	7.900743	3.99	0.01	7.890743
2	2011-09	-5.958109	-7.42	0.00	-5.958109
3	2011-10	3.969759	3.35	0.00	3.969759
4	2011-11	3.098784	4.33	0.00	3.098784
5	2011-12	-3.371601	-4.20	0.00	-3.371601

図 5.3 ticker の末尾が 0007 を選択したデータ (左)，Fama-French 3 ファクター・モデル構築用データ (中)，回帰モデル構築用データセット (右)

入力データが出揃ったところで，回帰モデル構築用のデータセットを作成しよう (コード 5.2)。ラッキーセブン銘柄群の月別の等加重平均リターンを求め (2 行目)[*2)]，Fama-French 3 ファクター・モデル構築用データを結合し (4 行目)，超過リターンを計算すれば (6 行目) 被説明変数 RPRF ができあがる。このようにしてできあがった回帰モデル構築用データセットは図 5.3 の右に示されるとおりである。

[*2)] このやり方は，実践上はやや厳密性に欠けることに気づかれたであろうか。ラッキーセブン戦略とは，t 年 7 月初め (6 月終わり) に ticker が 0007 で終わる銘柄を見つけては等しい投資ウェイトを掛け，t 年 7 月から $t+1$ 年 6 月まで運用するというものである。したがって，現実の株式市場のように t 年 7 月から $t+1$ 年 6 月までの間で新たな 0007 銘柄の上場があったり，既存の 0007 銘柄で上場廃止となる銘柄があったりすると，このやり方だとそうした銘柄の影響を考慮できておらず，厳密にラッキーセブン戦略を検証できていないことになる。ただし，疑似データでは t 年 7 月から $t+1$ 年 6 月までの間で，途中上場や上場廃止をあらかじめ排除しているため，このコードでもラッキーセブン戦略を検証できるのである。より本格的に，ラッキーセブン戦略の実装を目指す読者は，4.9 節を参照しながら，どのようにコードを改変すべきか挑戦してもらいたい。

コード 5.2　回帰モデル用のデータセット作成

```
1   # 抽出されたラッキーセブン銘柄群の等加重平均リターン (ラッキーセブン戦略によ
        るポートフォリオリターン)を算定
2   df = stockMonthly.groupby('month').mean()
3   # ffMonthly の RMRF,RF を結合(インデックスによる結合)
4   df = pd.merge(df, ffMonthly[['month', 'RMRF', 'RF']], on='month')
5   # ラッキーセブンポートフォリオの超過リターンを算定 (RPRF = return - RF)
6   df['RPRF'] = df['return'] - df['RF']
7   # 回帰モデル構築用のデータセットの完成
8   print(df)
9   #       month      return   RMRF    RF        RPRF
10  # 0   2011-07   11.665931   2.02  0.00   11.665931
11  # 1   2011-08    7.900743   3.99  0.01    7.890743
```

そしてデータセット df の RPRF を被説明変数に，RMRF を説明変数にして回帰モデルを構築する (コード 5.3)。それを OLS によって推定し，結果は図 5.4 のとおりとなった。

コード 5.3　回帰モデルの推定

```
1   # ラッキーセブン戦略によるJensen のアルファの推定
2   model = sm.OLS(df['RPRF'], sm.add_constant(df['RMRF']))
3   res = model.fit()  # OLS による推定
4   print(res.summary())  # 推定結果を表示
```

```
                            OLS Regression Results
==============================================================================
Dep. Variable:                   RPRF   R-squared:                       0.579
Model:                            OLS   Adj. R-squared:                  0.567
Method:                 Least Squares   F-statistic:                     46.79
Date:                Sat, 29 May 2021   Prob (F-statistic):           7.14e-08
Time:                        12:32:19   Log-Likelihood:                -100.27
No. Observations:                  36   AIC:                             204.5
Df Residuals:                      34   BIC:                             207.7
Df Model:                           1
Covariance Type:            nonrobust
==============================================================================
                 coef    std err          t      P>|t|      [0.025      0.975]
------------------------------------------------------------------------------
const          1.6794      0.704      2.386      0.023       0.249       3.110
RMRF           0.9122      0.133      6.840      0.000       0.641       1.183
==============================================================================
Omnibus:                        2.111   Durbin-Watson:                   2.011
Prob(Omnibus):                  0.348   Jarque-Bera (JB):                1.131
Skew:                           0.386   Prob(JB):                        0.568
Kurtosis:                       3.397   Cond. No.                         5.54
==============================================================================
```

図 5.4　ラッキーセブンの回帰モデル

5.4 ロング・ショート戦略にもとづくアルファ

値下がりが期待できるポートフォリオを空売り (ショート) し，それで得た資金をもって値上がりが期待できるポートフォリオを現物買い (ロング) し，高いリターンを目論むという投資手法がある。その投資手法のことをロング・ショート戦略とよぶ。こうした取引戦略は，ショートで得た資金を全額ロング側の銘柄群の購入に充当することになる。そのため，自分の財布からお金を出す必要がないので，zero-cash とか zero-cost 投資戦略とよばれることがある。いま，ロングしたポートフォリオの各月のリターンを $R_{p,t}^{\text{long}}$，ショートしたポートフォリオの各月のリターンを $R_{p,t}^{\text{short}}$ とあらわそう。ロング・ショート戦略を採用した場合のアルファは，次のような回帰モデルを推定すればよい。

$$\underbrace{(R_{p,t}^{\text{long}} - R_{F,t})}_{\substack{\text{ロング側の}\\\text{超過リターン}}} - \underbrace{(R_{p,t}^{\text{short}} - R_{F,t})}_{\substack{\text{ショート側の}\\\text{超過リターン}}} = \alpha_p + \beta_p(R_{M,t} - R_{F,t}) + \varepsilon_{p,t}$$

$$\iff \underbrace{R_{p,t}^{\text{long}} - R_{p,t}^{\text{short}}}_{\substack{\text{ロング・ショート戦略}\\\text{によるリターン}}} = \alpha_p + \beta_p(R_{M,t} - R_{F,t}) + \varepsilon_{p,t}$$

ロング側では $R_{p,t}^{\text{long}}$ が投資の成果であり，ショート側では $(-1) \times R_{p,t}^{\text{short}}$ が投資の成果になる。したがって，ロング・ショートの組合せ戦略によるリターンは $R_{p,t}^{\text{long}} + (-1) \times R_{p,t}^{\text{short}} = R_{p,t}^{\text{long}} - R_{p,t}^{\text{short}}$ となり，これを被説明変数に据えた上記のモデルを念頭におけば，ロング・ショート戦略を採用した場合のアルファを推定することが可能になるのである。

5.5 Betting Against Beta

CAPM が正しい限り，どのようなポートフォリオを構築しようが，ベータが高い銘柄群ほど期待リターンが高く，実際に実現するリターンも平均的には高くなるはずである。しかし，ある研究では，実際の市場において，CAPM の想定とは反対にベータが高い銘柄群ほど，平均的なリターンは低い傾向にあることが報告されている。これは，CAPM を真のモデルと考えた場合には説明のつかない現象でアノマリーの１つである[3)]。この研究が示唆するのは，ベータが低い銘柄にベットせよ，すなわち，**Betting Against Beta** (BAB) という教訓である。果たして，日本市場において，同様の現象は観察されるのであろうか。

検証手順は，以下のとおりである。

1）$t-11$ 月から t 月までの計 12 ヶ月の日次データをもとに各銘柄の $\hat{\beta}_i$ を以下の回帰モデルによって推定する。

$$\underbrace{R_{i,d} - R_{F,d}}_{\text{日次 } d \text{ の銘柄 } i \text{ の超過リターン}} = \alpha_i + \beta_i \underbrace{(R_{M,d} - R_{F,d})}_{\text{日次 } d \text{ のマーケットポートフォリオの超過リターン}} + \underbrace{u_{i,d}}_{\text{誤差項}} \tag{5.3}$$

2）t 月末日に $\hat{\beta}_i$ の大きさをもとに，それがもっとも小さい銘柄群からもっとも大きい銘柄群まで 10 分位ポートフォリオを作成する。

3）等加重，すなわち，ポートフォリオ内にある全銘柄に等しく投資金額を配分して，$t+1$ 月の月初から末日までの 1 ヶ月間運用する。

この手順を 2000 年 1 月から 2019 年 12 月まで続け，各ポートフォリオの CAPM アルファを推定した結果は，次の表 5.2 のとおりである。ベータがもっとも低い銘柄群 (D1: Lowest Beta) の CAPM アルファは月間で 0.691% ($p < 0.01$) で統計的にも有意にプラスである一方，ベータがもっとも高い銘柄群 (D10: Highest Beta) の CAPM アルファは，合理的な水準で統計的に有意でないものの，マイナス ($\hat{\alpha} = -0.152\%$, t-stat. $= -0.53$) である。ベータがもっとも高い D10 ポートフォリオをショートし，それで得た資金でベータがもっとも低い D1 ポートフォリオをロングするというロング・ショート戦略を採用した場合の CAPM アルファは実に 0.843% ($p < 0.01$) にものぼり，年率に換算すると $0.843\% \times 12 = 10.1\%$ と統計的にも，そして，経済的にも有意なアルファが獲得できるのである。

なぜ，このような現象が観察されてしまうのであろうか。投資家の株取引上

表 5.2　10 ベータ・ポートフォリオの CAPM アルファ

	Lowest Beta	D2	D3	D4	D5	D6	D7	D8	D9	Highest Beta	Long-Short
α	0.691	0.857	0.841	0.858	0.785	0.639	0.657	0.512	0.313	−0.152	0.843
	(4.55)	(4.83)	(4.51)	(4.49)	(3.90)	(3.25)	(3.20)	(2.42)	(1.36)	(−0.53)	(3.27)
β	0.582	0.822	0.903	0.928	1.011	1.071	1.154	1.230	1.348	1.534	−0.952
	(18.06)	(21.81)	(22.80)	(22.86)	(23.63)	(25.59)	(26.50)	(27.35)	(27.54)	(25.36)	(−17.40)
R^2	0.58	0.67	0.69	0.69	0.70	0.73	0.75	0.76	0.76	0.73	0.56

の制約 (たとえば，株取引にあたっての借入制約) がこの現象をひきおこしていると主張する者がいる一方，分析手法に問題があり，適切な手法を採用すればアルファはほとんど消滅すると主張する者もいる。この現象は，市場における未解決な数多くのアノマリーの 1 つなのである。

5.6 Betting Against Beta 戦略の実装

本節では，疑似データを利用して BAB 現象が観察されるかどうかを検証していこう。2010 年 1 月から 2014 年 11 月までの各月において過去 12 ヶ月の日次データを利用して各銘柄のベータを推定し，そのベータの高低に応じて各月において 10 ポートフォリオを作成し，その後の 1 ヶ月を等加重で運用するとしよう。各ポートフォリオの CAPM アルファは，果たして，事前に推定されたベータの多寡に依存するであろうか。

まずは，大まかな流れを示そう。図 5.5 を参照してほしい。処理は大きく 3 つのパートに分かれており，日次データから銘柄別のベータを毎月推定し，推定されたベータにもとづいて 10 分位ポートフォリオを作成するプログラム (コード 5.5，5.6)，10 分位ポートフォリオを構築した後，運用結果を評価するバックテストをおこなうプログラム (コード 5.7)，そして，各ポートフォリオの CAPM アルファを推定するプログラム (コード 5.8) である。最初のベータを推定するプログラムは日次データをもちい，それ以降，10 分位ポートフォリオの構築や

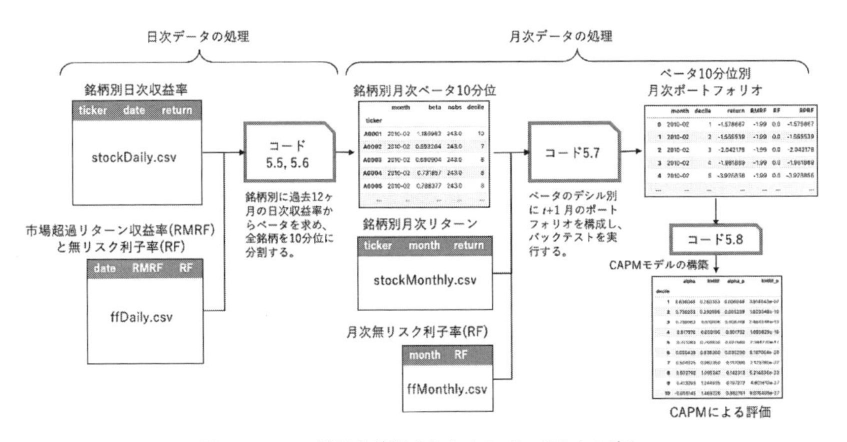

図 5.5　BAB 戦略を検証するためのプログラムの流れ

CAPMによるパフォーマンス評価については月次データをもちいることに注意されたい。まずは，これらのプログラムで利用するライブラリを読み込んでおく(コード5.4)。

コード5.4 必要なライブラリの読み込み

```
1 import os
2 import pandas as pd
3 import statsmodels.api as sm
4 os.makedirs('./output', exist_ok=True)
```

5.6.1 ベータ推定用のデータセットの作成

銘柄別のベータを推定するのに先立って，まずは，(5.3)式に示した回帰モデル構築用のデータセットを準備する(コード5.5)。個別銘柄の日次リターン$R_{i,d}$は，stockDaily.csvのreturn列として用意されており，また，無リスク利子率$R_{F,d}$，およびマーケットポートフォリオの超過リターン$(R_{M,d} - R_{F,d})$については，ffDaily.csvのRFおよびRMRF列をもちいればよい。これら2つの表を日付をキーにして結合し(19行目)，$R_{i,d} - R_{F,d}$を計算すれば個別銘柄の超過リターン(RIRF)が求まる(20行目)。

最終的にポートフォリオは月単位で構築するので，この段階で日付dateに対応する月(month)をセットしておく(27行目)。日付dateはPeriod型なので，月へ変換は容易でdt.asfreq('M')とするだけでよい。新たに作成された月monthも同じPeriod型でdate列と同様にあつかうことが可能である。

そして必要な列を切り出して完成したDataFrame dfの内容が図5.6に示されている。

コード5.5 ベータ推定用のデータセットを作成するプログラム

```
1  # 銘柄ごとの日次リターンデータの読み込みと,計算に必要な列の選択
2  stockDaily = pd.read_csv('./data/stockDaily.csv', parse_dates=['date
       '])
3  stockDaily['date'] = stockDaily['date'].dt.to_period('D')
4  stockDaily = stockDaily[['ticker', 'date', 'return']]
5  print(stockDaily)
6  ##          ticker        date    return
7  ## 0         A0001 1991-01-04 -0.884354
8  ## 1         A0001 1991-01-07 -0.068634
9
10 # 日次データをベースにしたβの推定のためffDailyの読み込み
```

```
11  ffDaily = pd.read_csv('./data/ffDaily.csv', parse_dates=['date'])
12  ffDaily['date'] = ffDaily['date'].dt.to_period('D')
13  print(ffDaily)
14  ##               date  RMRF   SMB   HML    RF
15  ## 0      1990-07-02 -0.08  1.46 -0.73  0.03
16  ## 1      1990-07-03 -0.40  0.65 -0.41  0.03
17
18  # ffMonthly の RMRF,RF を結合し，銘柄ごとに超過リターン (RIRF = return -
        RF)の計算
19  df = stockDaily.merge(ffDaily[['date', 'RMRF', 'RF']], on='date')
20  df['RIRF'] = df['return'] - df['RF']
21  print(df)
22  ##           ticker        date    return  RMRF    RF      RIRF
23  ## 0          A0001  1991-01-04 -0.884354 -0.49  0.02 -0.904354
24  ## 1          A0004  1991-01-04 -1.454469 -0.49  0.02 -1.474469
25
26  # 日付に対応する月をセットする
27  df['month'] = df['date'].dt.asfreq('M')
28
29  # 必要な列を切り出してデータセットの完成
30  df = df[['month', 'ticker', 'date', 'RIRF', 'RMRF']]
31  print(df)
32  ##               month ticker        date      RIRF  RMRF
33  ## 0           1991-01  A0001  1991-01-04 -0.904354 -0.49
34  ## 1           1991-01  A0004  1991-01-04 -1.474469 -0.49
```

	month	ticker	date	RIRF	RMRF
0	1991-01	A0001	1991-01-04	-0.904354	-0.49
1	1991-01	A0004	1991-01-04	-1.474469	-0.49
2	1991-01	A0005	1991-01-04	1.016269	-0.49
3	1991-01	A0006	1991-01-04	0.800882	-0.49
4	1991-01	A0008	1991-01-04	-1.576604	-0.49
...	...	...	...	...	...
12005999	2014-12	Z0133	2014-12-30	2.461688	3.93
12006000	2014-12	Z0134	2014-12-30	-3.608248	3.93
12006001	2014-12	Z0135	2014-12-30	2.644337	3.93
12006002	2014-12	Z0136	2014-12-30	-0.555262	3.93
12006003	2014-12	Z0137	2014-12-30	2.535658	3.93

12006004 rows × 5 columns

図 5.6　ベータを推定するための回帰モデル ((5.3) 式) 用データセット (df)

5.6.2 ローリング回帰による月次の10分位ポートフォリオの作成

本項では，前項で作成した回帰モデル用のデータセット df (図 5.6) から図 5.7 に示される月次の銘柄別ベータによる 10 分位ポートフォリオを作成する。ここでの処理の難しさはローリング・ウィンドウ処理にある。月次 t におけるベータの推定には過去 12 ヶ月 (月次 $t-11$ から月次 t) のデータをもちいるが，対象とする月次 t は 2010 年 1 月から 2014 年 11 月まで 59 ヶ月分あり，それぞれで過去 12 ヶ月分のデータをずらしながら選択処理していく必要がある。移動平均など処理内容が単純であれば，pandas には rolling() というメソッドが用意されており，容易にローリング処理を実現できる。しかし，本ケースの様に，回帰モデルなどより複雑な処理を各ローリング・ウィンドウに適用する場合は別の方法を考えた方がよい [*3]。

	month	beta	nobs	decile
ticker				
A0001	2010-02	1.185982	243.0	10
A0002	2010-02	0.593264	243.0	7
A0003	2010-02	0.690904	243.0	8
A0004	2010-02	0.731857	243.0	8
A0005	2010-02	0.786377	243.0	8
...	...	...	...	...
Z0133	2014-12	0.282793	243.0	2
Z0134	2014-12	0.689158	243.0	5
Z0135	2014-12	0.341998	243.0	3
Z0136	2014-12	0.318928	243.0	3
Z0137	2014-12	0.913917	243.0	7

図 5.7 月次の ticker 別ベータの 10 分位数 (betas)。nobs は回帰モデル構築用データセットの観測値数。

そこで，非常に単純な方法ではあるが，より汎用的な方法，すなわち，for 文によりローリング・ウィンドウ処理を実現する方法を紹介する。処理の概略を

[*3] 単純かどうかの判断は，(a) ずらす単位となる値が 1 行で構成されていて，(b) 1 つの移動窓に対す計算結果が 1 つの値であること，の 2 点を判断すればよいであろう。ここの処理では，月別にずらしていくが，月ごとに複数の ticker が存在する。ticker を列に展開 (pivot 操作) すれば解決できるが，RIRF と RMRF の 2 つの値が必要となり簡単でない。さらに，回帰の結果としてベータと観測値数の 2 つの値を返さなければならず単純ではない。rolling() をもちいた高度な計算例は 6.3 節で取り上げている。

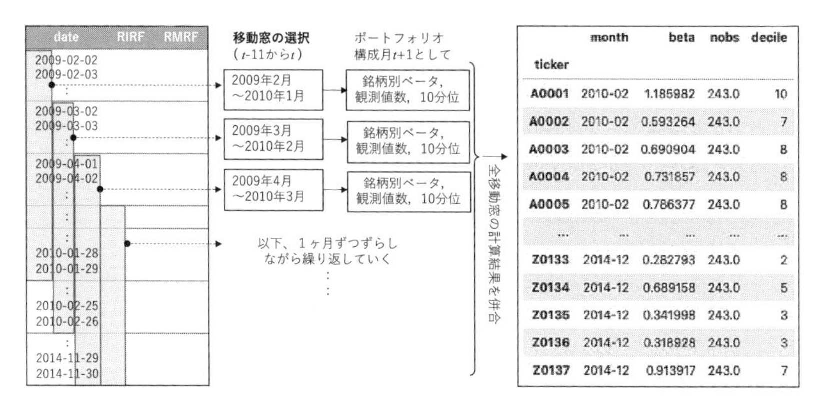

図 5.8 12 ヶ月のローリング・ウィンドウをずらしながらデータを選択するローリングの概要図

図 5.8 に示す。図左のようにデータを 1 ヶ月ずらしながらデータを選択し，そのデータを入力として回帰モデルを次々と構築する (59 回)。推定されたベータと月次 t におけるベータにもとづく 10 分位数を pandas の Series としてリストに追記していく。そして追記された 59 個の Series データを併合して DataFrame (`betas`) を作成すれば完成となる。

大きな流れは以上のとおり単純なものであるが，より詳細な処理の流れについてみていこう。図 5.9 に詳細な処理の流れ図を示しており，コードは 5.6 に示す。

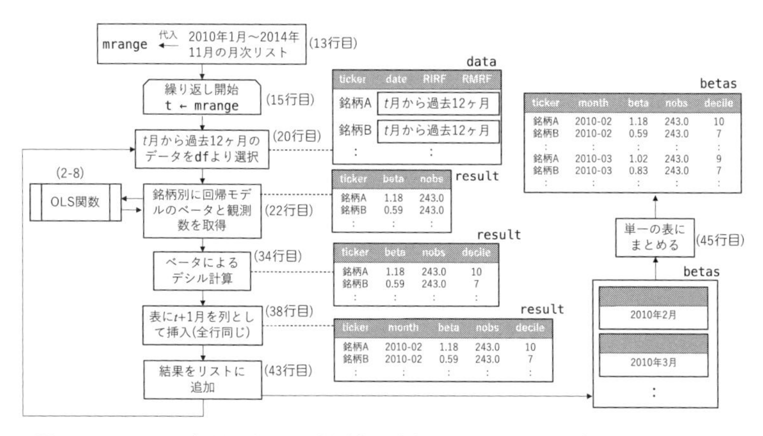

図 5.9 ローリング処理の流れ図。括弧内の数字はコード 5.6 の行番号をあらわす。また表の右上には変数名が示されている。

コード 5.6　過去 12 ヶ月の日次データから銘柄別のベータを推定するプログラム

```
# 過去 12ヶ月の日次データから銘柄別のβを計算するプログラム

# 単回帰でβと観測値数を計算する関数
def ols(d):
    model = sm.OLS(d['RIRF'], sm.add_constant(d['RMRF']))  # (5.3)式の回帰モデル
    res = model.fit()  # OLS による推定
    beta = res.params['RMRF']  # 回帰係数（β）(numpy.float64)
    nobs = res.nobs  # 観測値数 (float)
    # 推定されたβと観測値数をpandas の Series にして返す
    return pd.Series([beta, nobs], index=['beta', 'nobs'])


# 月次のリスト
# 推定は 2010年 1月から 2014年 11月までの各月において過去 12ヶ月のデータを利用して推定
mrange = pd.period_range('2010-01', '2014-11', freq='M')
betas = []
for t in mrange:
    print('## month %s START' % (t))
    tp1 = t + 1  # tp1 に月次 t+1をセット
    tm11 = t - 11  # tm11 に月次 t-11をセット
    # 月次t-11から月次t までの 12 ヶ月を data としてセット
    data = df[(tm11 <= df['month']) & (df['month'] <= t)]
    # ticker ごとに回帰モデルを推定し，βと観測値数を得る
    result = data.groupby('ticker').apply(ols)
    # 観測値数が 120営業日以上のものだけに限定
    result = result[result['nobs'] >= 120]
    ##              beta   nobs
    ## ticker
    ## A0001   1.185982  243.0
    ## A0002   0.593264  243.0

    # 各銘柄が運用期間である月次t+1にどの 10分位に属するかを算定
    # βをrank 関数で順位に変換しているのは，qcut 関数に与える数値列に重複があってはならないため，
    # 同じβの値があれば，それを出現順に順位を付与し，その後に 10分位を求めている。
    labels = [1, 2, 3, 4, 5, 6, 7, 8, 9, 10]
    result['decile'] = pd.qcut(result['beta'].rank(method='first'),
                               q=10, labels=labels).rename('decile')

    # 全行に運用期間である月次t+1をmonth として挿入
```

```
40        result.insert(0, 'month', tp1)
41        ##               month       beta   nobs decile
42        ## ticker
43        ## A0001  2010-02-01  1.185982  243.0     10
44        ## A0002  2010-02-01  0.593264  243.0      7
45        betas.append(result)
46
47    betas = pd.concat(betas)  # 月別に計算したbeta, nobs, decile の
          DataFrame を縦方向に連結
48    betas.to_csv('./output/betas.csv')  # betas.csv として output フォルダ
          に出力
49    print(betas)
50    ##           month       beta   nobs decile
51    ## ticker
52    ## A0001   2010-02  1.185982  243.0      10
53    ## A0002   2010-02  0.593264  243.0       7
```

■ **月初リストの生成**　プログラムの最初 (4〜10 行目) には，回帰モデルの構築を関数にした処理 (`def ols()`) が記述されているが，ここでは読み込まれるだけで実行はされない。最初に実行されるのは 15 行目であり，`for` 文を回す対象となる 59 ヶ月分の月次 t のリスト [*4] を pandas の `period_range()` をもちいて生成している。以上のように生成された月次をその順番に変数 t にセットして繰り返し処理が実行されていく (17〜45 行目)。

■ **ベータの推定と観測値数の計算**　月次 t について，過去 12 ヶ月間のデータセットを選択 (22 行目) した後に，銘柄 (`ticker`) 別にベータを求めていく (24 行目)。ここでは，単回帰モデルの構築を関数にした `ols()` 関数 (4〜10 行目) をよび出しているが，その方法は少し複雑であるため詳細に解説する。

ここでの処理の概要を図 5.10 に示す。`ols()` をよび出している 24 行目の処理でもちいられているメソッドは，`groupby()`，`apply()` の 2 つで，`groupby('ticker')` は，銘柄別にデータセットを内部で分割する機能を担っている。そして，`apply(ols)` により，それぞれの銘柄単位のデータが `ols()` 関数に受け渡される。そして，`groupby()` は，`apply()` の結果，すなわち `ols()` の返り値を併合して 1 つの DataFrame を再構成し，変数 `result` にセットされる。よって，`ols()` 関数の側からみれば，`apply()` からどのようなデータ入力され，

[*4] 正確には PeriodIndex オブジェクトだが，繰り返し処理においては月次のリストと考えてよい。

どのような形式の出力が求められるかがポイントとなる。`groupby.apply()` のドキュメントによると，よび出される関数は，DataFrame を第 1 引数とし，返り値として DataFrame もしくは Series として返さなければならないとある。

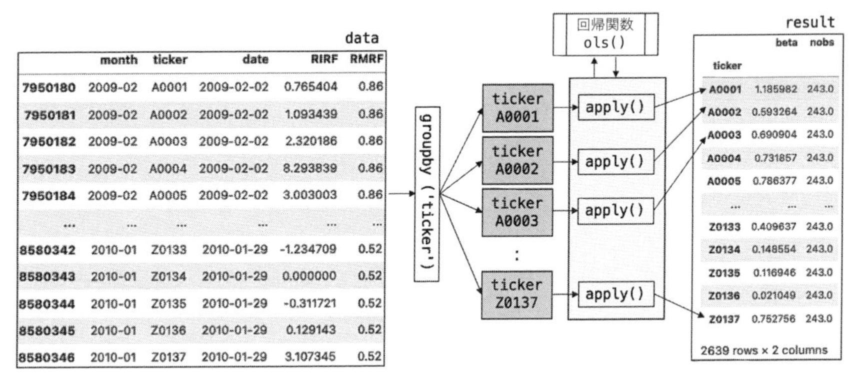

図 5.10　ベータを推定する処理の流れ

そこで次に `ols()` 関数についてみてみよう。関数の引数 `d` には，`groupby()` によって分割された 1 つの銘柄の過去 12 ヶ月の DataFrame (`data`) がセットされる。そのデータセットを入力として，statsmodels が単回帰モデルを構築し，`res` 変数にその結果をセットする (statsmodels による回帰モデルの詳細は 2.4 節を参照のこと)。この `ols` 関数が返さなければならないのは，ある銘柄のベータと観測値数の 2 つの値であり，それらを Series にして返しているのが 10 行目となる。それぞれに `'beta'`，`'nobs'` という名前を与えることで，`groupby()` が全銘柄の返り値を併合すると，それらの名前を列名とした DataFrame ができあがる。なお，分割キーである `ticker` は行 index となる。

■ **10 分位数の計算**　　次に全銘柄のベータ (`result['beta']`) から，その大きさによって月ごとに 1〜10 のグループ (ベータの値が小さいグループを 1 とする) に銘柄を分割する (36〜37 行目)。このような分割方法は一般的にデシル (decile) 分割とよばれる。ここでは，`qcut()`，`rank()`，`rename()` の 3 つのメソッドが使われている。`qcut()` はデシル分割を実行するメソッドで，デシル分割の対象となる値を Series で与え，分割するグループ数を `q=` で指定する。ただし，`qcut()` は，与えられた Series のデータに同じ値があると動作せず，すべての値について大小関係が定まらなければならない。ベータの値がまったく同じになる可能性は非常に低いが理論上はありえる。そこで，rank() メソッドによってすべてのベータを順位付けする。ここでは method='first' を指定することで，同一のベータは出現順に順位付けされることになる。デシル分割された結果には，それぞれのグループに対して label= で指定した値が出力される。最後に rename 関数によって得られた Series の名前を decile に変更し，元データである result にセットすれば完了である。

ここまでで月次 t の全銘柄の 10 分位が求まったことになり，その結果はリスト betas に追記されていき (45 行目)，対象とする 59 ヶ月の繰り返し計算が終わった段階で DataFrame として連結する (47 行目)。内容は図 5.8 右に示すとおりである。

5.6.3　ポートフォリオの構築

ここまでで，ベータの高低により 10 のグループが月別に作成されたことになる。次に，各グループを 1 つのポートフォリオとしたバックテスト，すなわち各ポートフォリオを月単位で運用したときのポートフォリオ・リターンを求めていく。ここでは，単にポートフォリオ内の銘柄数に応じて等しくウェイトを割り当てた等加重平均リターンを求めるだけでなく，CAPM によるアルファの推定のため，各ポートフォリオの超過リターンとマーケットポートフォリオの超過リターンも計算しておく。処理の概要を図 5.11 に示す。大きな流れとしては，月別のリターンを stockMonthly.csv ファイルから結合し，月別 10 分位ポートフォリオ別に等加重平均リターンを求める。その後，ffMonthly.csv

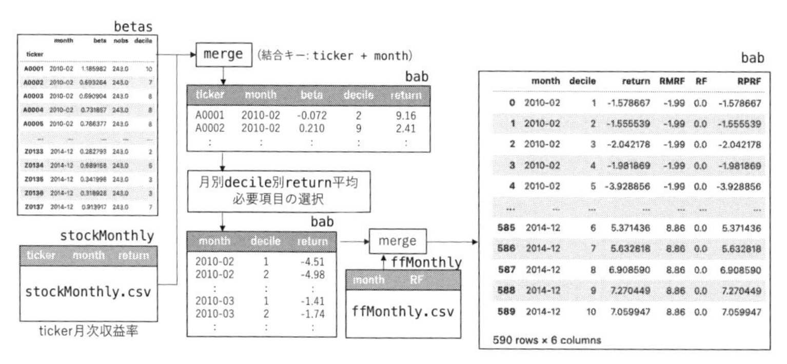

図 5.11　ポートフォリオを構築するプログラムの流れ

を結合することで超過リターン (RPRF) を計算している。

具体的なプログラムをコード 5.7 に示す。月別ポートフォリオ別に平均リターンを求める処理の次に reset_index() メソッドをよび出しているが (27 行目)，これは groupby() の結果，集計キーである month と decile 列が行インデックスになってしまうからであり，reset_index() を実行しなければ，後に ffMonthly で month をキーにして結合するときに結合キー以外の decile 列が消えてしまうので，ここでインデックスを通常の列に復帰させている。

最終的に，月別 10 分位別にポートフォリオの超過リターン RPRF とマーケットポートフォリオの超過リターン RMRF が計算され bab 変数に格納される。内容は図 5.11 の右表に示されるとおりである。

コード 5.7　ポートフォリオを構築するプログラム

```
1   # 銘柄ごとの月次リターンデータの読み込みと，Jensen のアルファの推定に必要な
        列の選択
2   stockMonthly = pd.read_csv('./data/stockMonthly.csv', parse_dates=['
        month'])
3   stockMonthly['month'] = stockMonthly['month'].dt.to_period('M')
4   stockMonthly = stockMonthly[['ticker', 'month', 'return']]
5   print(stockMonthly)
6   ##         ticker    month     return
7   ## 0        A0001  1991-01   4.285714
8   ## 1        A0001  1991-02  -1.956947
9
10  # 市場ポートフォリオの超過リターンが収録されたffMonthly を読み込み
11  ffMonthly = pd.read_csv('./data/ffMonthly.csv', parse_dates=['month
        '])
12  ffMonthly['month'] = ffMonthly['month'].dt.to_period('M')
13  print(ffMonthly)
14  ##         month   RMRF   SMB   HML    RF
15  ## 0    1990-07  20.67 -1.56 -5.16  0.68
16  ## 1    1990-08 -13.69 -3.63  0.98  0.66
17
18  # stockMonthly と betas を ticker と month をキーにして結合し，それを bab と
        する
19  bab = betas.merge(stockMonthly, on=['ticker', 'month'])
20  print(bab)
21  ##         ticker    month      beta   nobs decile     return
22  ## 0        A0001  2010-02  1.185982  243.0     10   3.583427
23  ## 1        A0002  2010-02  0.593264  243.0      7  12.535860
24
```

```
25  # 各月ごとにポートフォリオごとに等加重平均リターンを算定
26  bab = bab[['month', 'decile', 'return']].groupby(['month', 'decile
        ']).mean()
27  bab = bab.reset_index()
28  print(bab)
29  ##        month decile    return
30  ## 0    2010-02      1 -1.578667
31  ## 1    2010-02      2 -1.555539
32  ## ..       ...    ...       ...
33  ## 588  2014-12      9  7.270449
34  ## 589  2014-12     10  7.059947
35
36  # ffMonthly の RMRF,RF を結合し, 被説明変数になる各ポートフォリオの超過リ
        ターン (RPRF = return - RF)を計算
37  bab = bab.merge(ffMonthly[['month', 'RMRF', 'RF']], on='month')
38  bab['RPRF'] = bab['return'] - bab['RF']
39  print(bab)
40  ##        month decile    return  RMRF   RF      RPRF
41  ## 0    2010-02      1 -1.578667 -1.99  0.0 -1.578667
42  ## 1    2010-02      2 -1.555539 -1.99  0.0 -1.555539
43  ## ..       ...    ...       ...   ...  ...       ...
44  ## 588  2014-12      9  7.270449  8.86  0.0  7.270449
45  ## 589  2014-12     10  7.059947  8.86  0.0  7.059947
```

5.6.4 CAPM によるポートフォリオの評価

最後は，得られた 10 分位ポートフォリの超過リターンのデータにもとづき CAPM アルファを推定しよう。プログラムをコード 5.8 に示す。CAPM の回帰モデルの構築は，コード 5.6 と同様に，`ols` 関数 (1〜9 行目) を，ポートフォリオ別 (`groupby()`) に `apply()` メソッドでよび出してやればよい。

`ols` 関数の返り値であるが，回帰係数とその p 値を連結して 1 つの Series にして返している (9 行目)。得られた最終結果 `babAlpha` は図 5.12 に示すとおりである。

コード 5.8 CAPM によりポートフォリオを評価するプログラム

```
1  def ols(d):
2      # 各ポートフォリオのCAPM アルファを推定するための回帰モデル
3      model = sm.OLS(d['RPRF'], sm.add_constant(d[['RMRF']]))
4      res = model.fit()
5      coef = res.params  # 偏回帰係数
6      coef.index = ['alpha', 'RMRF']
```

```
 7      pval = res.pvalues  # 各説明変数のp 値
 8      pval.index = ['alpha_p', 'RMRF_p']
 9      return pd.concat([coef, pval])
10
11
12  # ポートフォリオごとに回帰モデルを推定し,babAlpha とする
13  babAlpha = bab.groupby('decile').apply(ols)
14  print(babAlpha)
15  ##            alpha      RMRF   alpha_p        RMRF_p
16  ## decile
17  ## 1       0.636046  0.260333  0.006948  3.914043e-07
18  ## 2       0.730353  0.390996  0.005239  1.629348e-10
```

decile	alpha	RMRF	alpha_p	RMRF_p
1	0.636046	0.260333	0.006948	3.914043e-07
2	0.730353	0.390996	0.005239	1.629348e-10
3	0.730063	0.510106	0.008749	2.484246e-13
4	0.917976	0.650195	0.001732	1.050829e-16
5	0.701263	0.748830	0.027560	2.384770e-17
6	0.655439	0.838360	0.035290	8.187064e-20
7	0.504025	0.982350	0.112090	2.123780e-22
8	0.502792	1.095347	0.142313	5.214836e-23
9	0.413293	1.244935	0.197272	4.601612e-27
10	-0.056145	1.469226	0.882761	9.076405e-27

図 5.12 ベータにもとづく 10 分位ポートフォリオの CAPM による評価結果

5.7 25 Size-BE/ME ポートフォリオの CAPM アルファ

CAPM がリスクとリターンを表現する真のモデルであれば，すでに入手可能な情報にもとづいて，いかなる投資戦略をとろうが，統計的に有意なアルファを獲得することはできないことが示せるはずだ。しかし，日本でも米国でも，ある時点において入手可能な情報にもとづいて計算された 2 つの変数をもちいて銘柄をグループ分けし，特定のグループに集中的に投資をおこなうことで，過去の長期間にわたって有意な CAPM アルファが獲得できたことが知られている。その 2 つの変数とは，1 つは株式のサイズ (規模) をあらわす株式時価総額

(= 株価 × 発行済み株式数：ME) であり，もう 1 つは株主資本の簿価と時価の比をあらわす簿価時価比率 (= 株主資本の簿価/株主資本の時価たる株式時価総額：BE/ME) である。

いま，各年の 6 月末時点において，ME によって上場銘柄を 5 分割し，さらに BE/ME によっても 5 分割し，最終的に 25 グループに分類しよう。一番右上のセルにはサイズが小さく (Small)，BE/ME が高い (High BE/ME) 銘柄が集まり，その対極にある左下のセルにはサイズが大きく (Big)，BE/ME が低い (Low BE/ME) 銘柄が集まるという具合である。こうして，各セルには数百の銘柄が割り当てられ，そうした銘柄群を 1 つのポートフォリオとしてみなして，投資することを想定しよう。運用は，ポートフォリオごとに，6 月末時点の時価総額にもとづいて時価総額が大きい銘柄ほど，高い割合の投資をおこなうという時価加重でおこない，7 月 1 日から翌年 6 月末までの 12 ヶ月間運用を続ける。そして，再び 6 月末時点で銘柄を ME と BE/ME の大きさに応じて分類し直して，改めてポートフォリオを再構築するという作業 (この作業のことをリバランスとよぶ) を 1977 年から 2020 年まで毎年続けた。次の表 5.3 は，各ポートフォリオの平均月間リターンを要約したものである。

表 5.3 25 Size-BE/ME ポートフォリオの月間平均リターン

	Low	BE/ME2	BE/ME3	BE/ME4	High
Small	0.48	0.60	0.75	0.63	0.81
ME2	0.07	0.40	0.47	0.53	0.72
ME3	0.13	0.29	0.46	0.40	0.66
ME4	−0.11	0.23	0.38	0.55	0.59
Big	−0.05	0.28	0.37	0.58	0.52

まず，各列に着目して，目線を下から上へと上げていけば，おおむねサイズが小さい銘柄で構成されるポートフォリオほど，平均リターンが高い傾向にあることがわかる。次は，各行に着目して，目線を左から右へと流していけば，おおむね BE/ME が高い銘柄で構成されるポートフォリオほど，平均リターンが高い傾向にあることを読み取ることができる。このように過去を振り返ってみると，サイズが小さく，BE/ME が高い銘柄ほど平均的にリターンが高い傾向にある。

ただし，こうした傾向は，サイズが小さい銘柄や BE/ME が高い銘柄ほど，

表 5.4　25 Size-BE/ME ポートフォリオの CAPM アルファとベータの要約。$\hat{\alpha}_p$ の網掛けは，両側 1%水準で有意に 0 と異なることを意味する。

	$\hat{\alpha}_p$				
	Low	BE/ME2	BE/ME3	BE/ME4	High
Small	0.23	0.39	0.53	0.42	0.62
ME2	−0.18	0.16	0.25	0.31	0.50
ME3	−0.13	0.06	0.22	0.16	0.42
ME4	−0.37	−0.02	0.13	0.31	0.34
Big	−0.31	0.03	0.12	0.33	0.27
	$\hat{\beta}_p$				
	Low	BE/ME2	BE/ME3	BE/ME4	High
Small	0.99	0.85	0.84	0.80	0.75
ME2	1.00	0.96	0.88	0.86	0.86
ME3	1.04	0.93	0.93	0.93	0.96
ME4	1.02	0.98	0.95	0.95	1.00
Big	1.02	0.98	0.98	1.01	0.97

CAPM が想定するリスク指標たる β が高いことに起因しており，単に CAPM が想定するリスクが高い銘柄ほど，リターンが高いということを反映しているにすぎないのかもしれない。そこで，各ポートフォリオの超過リターンとマーケットポートフォリオの超過リターンとの関係より (5.2) 式を推定し，それぞれのポートフォリオの CAPM アルファとベータを要約した結果が，次の表 5.4 である。

まず，ベータに着目すると，サイズが小さい銘柄群で構成されるポートフォリオは，サイズが大きい銘柄群で構成されるポートフォリオに比べて，相対的にベータは高いどころかむしろ低い傾向さえみられる。同様に，BE/ME が高い銘柄群で構成されるポートフォリオほど，ベータは相対的に低い傾向がある。したがって，サイズが小さく，BE/ME が高い銘柄群ほど平均リターンが高いという傾向は，CAPM のリスク指標たるベータで説明できそうにない。

そして，肝心のアルファはというと，平均リターンの分析と首尾一貫して，サイズが小さいポートフォリオほど，BE/ME が高いポートフォリオほど，統計的にも，そして経済的にも有意に高いアルファが獲得できることがわかった。この結果は，CAPM の枠組みでは，十分に説明することができない典型的なアノマリー現象として知られる。サイズが小さい銘柄群ほど，サイズが大きい銘柄群に比べて，相対的に平均リターンや CAPM アルファが高くなる傾向のことを**規模効果** (size effect) という。他方，BE/ME が高い銘柄群ほど，それが低い銘柄群に比べて相対的に平均リターンや CAPM アルファが高くなる傾向のことをバリュー効果 (value effect) とよぶ。企業のファンダメンタルズを反映する指標 (たとえば，配当や利益，株主資本) からすると，時価総額が低く抑えられており，その比をとったファンダメンタルズ指標/時価総額が，分母の小ささゆえに高くなるような銘柄は，バリュー株として知られる。BE/ME が高い銘柄は，典型的なバリュー株である。これがバリュー効果の名前の由来である。なお，バリュー株の対極にあるのは，グロース株であり，BE/ME が低い銘柄は，グロース株として知られる。

なぜ，規模効果とバリュー効果が観察されるのであろうか。1 つの解釈は，時価総額や BE/ME が，将来のリターンにどのような影響を及ぼすのか，その含意を市場は理解しておらず，投資時点において時価総額や BE/ME は誤って価格付けがおこなわれていたというものである。もう 1 つは，市場は効率的であるが，CAPM が間違っているだけで単に見かけ上，規模効果やバリュー効果が他のリスクを表現しているだけにすぎないという解釈である。学術界では，後者の解釈を有力視し，市場の値動きは，CAPM が想定するような単一のファクターだけでとらえることができず，規模や BE/ME と関連した別のリスクファクターが存在するのではないかという発想に行き着いたのである。こうして生まれたのが，次節で紹介する Fama-French 3 ファクター・モデルである。

5.8 Fama-French 3 ファクター・モデル

これまで規模効果とバリュー効果というアノマリーを紹介し，3.2 節ではそれに対峙するアプローチとして新たに発展した行動ファイナンスという学問領域を紹介した。一方，伝統的ファイナンスでは，それとは異なる方法でアノマリーに対処しようとしている。すなわち，これまでの理論体系を保持しながらも，理論体系の不備を修正する形で新しい期待リターン・モデルを提案するという発展の方向に進んでいるのである。伝統的ファイナンスの考えのもとでは，市場の効率性を前提に，高いリターンは高いリスクをとったことへの報酬であり，市場にただ飯は存在しない (no free lunch)。そのためモデルの不完全性がアノマリーとしてあらわれているだけであり，結局は何らかのリスクをとって平均的に高いリターンが得られているにすぎないと考えるのである。したがって，一見アノマリーにみえるものはモデルに組み込まれていない未確認のリスクファクターの存在を示唆しており，そうしたリスクを適切に反映した新しい期待リターン・モデルを開発するという方向に進んだ。もちろん，研究者たちは 3.1.3 項で紹介した複合仮説問題の困難さを認識しながらも，モデルの改変に進んでいったのである。

ファーマ (Eugene F. Fama) とフレンチ (Keneth R. French) は，90 年代に何本もの影響力のある論文を発表している。それら一連の論文での主張は，「ベータだけでは期待リターンやリスクプレミアムを説明できない」ということであった。ただし，彼らは，効率的市場仮説の誤りを主張したわけではなく，市場が非効率的であるとは考えず，CAPM というモデルに不備があると考えた。そして，CAPM に代わる新しいモデルとして Fama-French 3 ファクター・モデルを提唱したのである。そのモデルは，CAPM が想定する唯一のプレミアムたる (1) マーケットリスクプレミアムに加えて，(2) 規模に関するプレミアムと (3) 簿価時価比率 (BE/ME) に関するプレミアムという 3 つのファクターが，リスクプレミアムを左右することを説いている。

彼らは，規模と BE/ME に関するプレミアムを期待リターン・モデルに組み込むために，1 年に 1 回リバランスすることを前提に，規模と BE/ME によってソーティングされた次の図 5.13 のようなポートフォリオを構築した。

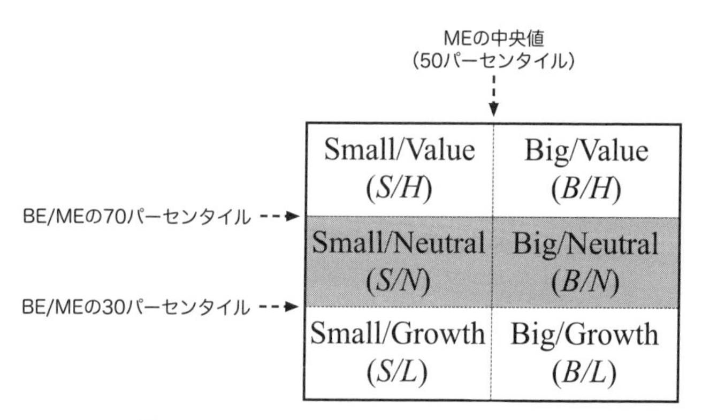

図 5.13　6 Size-BE/ME ポートフォリオの作成

手順としては，時価総額の大きさに応じて，全銘柄を規模が相対的に小さい銘柄群 (Small: S) と大きい銘柄群 (Big: B) へと 2 分割する。それに加えて，BE/ME

の大きさに応じて，その 30 パーセンタイル値と 70 パーセンタイル値をブレイクポイントとして，BE/ME の相対的に大きいバリュー株群 (High BE/ME: H)，それが中庸の銘柄群 (Neutral BE/ME: N)，それが小さいグロース株群 (Low BE/ME: L) へと 3 分割する *5)。こうして規模と BE/ME という 2 つの企業特性によって分類された 6 つのポートフォリオができ，たとえば，S/H は規模が小さく，かつ，バリューの性質を有する銘柄群，対極の B/L は規模が大きく，グロースの性質を有する銘柄群で構成されることになる。そのうえで，大型株群 (B/H, B/N, B/L) をショートすることで得た資金で小型株群 (S/H, S/N, S/L) をロングするという投資戦略を採用したときのリターンをあらわす SMB (Small Minus Big) を次のように考えたのである。

$$SMB = \underbrace{\left(\frac{S/H + S/N + S/L}{3}\right)}_{\textbf{Small}} - \underbrace{\left(\frac{B/H + B/N + B/L}{3}\right)}_{\textbf{Big}}$$

こうして月次データなら月次で，日次データなら日次で計算された SMB の期待値たる E(SMB) こそが，規模に関するリスクファクターに対する報酬，すなわち，サイズ・プレミアムに相当すると考えた。この E(SMB) を期待リターン・モデルに組み込むことによって，CAPM では十分に説明できなかった規模効果を捕捉しようとしたのである。

他方，バリュー効果を捕捉するために考えたのが，グロース株群 (S/L, B/L) をショートすることで得た資金でバリュー株群 (S/H, B/H) をロングするという投資戦略を採用した場合のリターンをあらわす HML (High Minus Low) である。それは，次のように計算される。

$$HML = \underbrace{\left(\frac{S/H + B/H}{2}\right)}_{\textbf{High}} - \underbrace{\left(\frac{S/L + B/L}{2}\right)}_{\textbf{Low}}$$

こうして計算された HML の期待値たる E(HML) は，BE/ME に関するリスクファクターに対する報酬，すなわち，バリュー・プレミアムに相当すると考え，E(HML) も考慮することによって，バリュー効果を捕捉しようとしたのである。

こうして，Fama と French は，(1) CAPM が示唆する唯一のファクターた

*5) 規模については 2 グループに分類し，BE/ME については 3 グループに分類している理由は，BE/ME の方が，規模よりも平均リターンを説明する重要な要因であることを考慮したためである (たとえば，Fama and French (1993)[2])。

るマーケットリスクプレミアム $(\mathrm{E}(R_M)-R_F)$ に加えて，(2) サイズ・プレミアム $(\mathrm{E}(SMB))$ と (3) バリュー・プレミアム $(\mathrm{E}(HML))$ の 3 つのファクターを考慮した 3 ファクター・モデルを提示した。彼らが提示したモデルは，次のようにあらゆる投資のリスクプレミアムは，3 つのファクターそれぞれにその投資の各ファクターに対する感応度 (感応度は，別名ファクター・ローディングという) を掛け合わせたものの和として表現できるというものである。たとえば，ある銘柄 i に投資したときのリスクプレミアムは，次のようにあらわすことができる。

$$\begin{aligned}\underbrace{\mathrm{E}(R_i)-R_F}_{\substack{\text{銘柄 } i \text{ の}\\ \text{リスクプレミアム}}} = & \underbrace{b_i}_{\substack{\text{マーケット}\\ \text{リスクプレミアム}\\ \text{に対する感応度}}} \times \underbrace{(\mathrm{E}(R_M)-R_F)}_{\substack{\text{マーケット}\\ \text{リスクプレミアム}}} \\ & + \underbrace{s_i}_{\substack{\text{サイズ・}\\ \text{プレミアムに}\\ \text{対する感応度}}} \times \underbrace{\mathrm{E}(SMB)}_{\substack{\text{サイズ・}\\ \text{プレミアム}}} \\ & + \underbrace{h_i}_{\substack{\text{バリュー・}\\ \text{プレミアムに}\\ \text{対する感応度}}} \times \underbrace{\mathrm{E}(HML)}_{\substack{\text{バリュー・}\\ \text{プレミアム}}} \end{aligned} \tag{5.4}$$

小型株のパフォーマンスが大型株のそれを上回り (下回り)，SMB がプラス (マイナス) のときに，個別銘柄のリターンもそれに呼応して大きくプラス (マイナス) になるような銘柄のサイズ・プレミアムに対する感応度 s_i は高くなる。同様にして，バリュー株のパフォーマンスがグロース株のそれを上回り (下回り)，HML がプラス (マイナス) のときに，個別銘柄のリターンもそれに呼応して大きくプラス (マイナス) になるような銘柄のバリュー・プレミアムに対する感応度 h_i は高くなるのである。一般にサイズ・プレミアムやバリュー・プレミアムは正であることが期待されるので，それぞれの感応度が高い銘柄は，それに応じてリスクプレミアムも高くなるというわけである。

その後も既存モデルで説明が困難な現象が発見されれば，既存モデルでは考慮されていないリスクファクターの仕業と考え，その都度モデルに修正が加えられてきた。たとえば，モメンタム (3.1.2 項参照) という現象が発見されれば，3 ファクターにモメンタムというリスクファクターに対するプレミアム $(\mathrm{E}(UMD))$ を加えた 4 ファクター・モデルが Carhart (1997)[1] によって提唱された。*UMD* とは，過去 11 ヶ月のリターン・パフォーマンスがわるかった銘柄群 (Down: *D*) をショートし，こうして得た資金でそれが良かった銘柄群 (Up: *U*) をロングするという取引戦略を採用したときのリターン (Up Minus Down) である。*UMD* は，過去の負け組 (Loser: *L*) をショートし，過去の勝ち組 (Winner: *W*) をロングすることになるから，*WML* (Winner Minus Loser) と表記されることもある。

ただし，CAPM を改良する形で次々に提案されたファクター・モデルが無批判的におおくの人に受け入れられているわけではない。CAPM は，投資家がリターンの平均と分散という 2 つの統計量をもとに合理的に行動することを前提に打ち出されたモデルである。他方，新たに提案されたマルチ・ファクター・モデルでは，現象的に，ある要因がリスクファクターのような働きをしているという理解ができたとしても，なぜそうなるかという理論的な説明は与えられていない。つまり，たとえば，後に追加された規模や BE/ME に関するファクターは，経済理論にうらづけられた CAPM のように強い理論的根拠があるわけではない。それゆえ新興のファクター・モデルに対しては，データから適当な規則性を見出しているだけだという，いわゆるデータ・スヌーピング (data-snooping) との批判があるのも事実である。規模や BE/ME の影響は，単にデータ・スヌーピングから生じた偶然の結果かもしれないのである。

5.9　Fama-French 3 ファクター・モデルの利用方法

CAPM と並んで，代表的な資産価格評価モデルとして Fama-French 3 ファクター・モデルを学習した。この節では，その利用方法として代表的な 2 つを紹介しよう。

5.9.1　期待リターン (株式の資本コスト) の推定への応用

1 つ目は，投資家の期待リターン (企業にとっての株式の資本コスト) を推定するのに利用するというものである。もし，CAPM よりも Fama-French 3 ファクター・モデル (以下，FF3) の方が，現実の株式市場を適切に描写するモデルであるならば，FF3 を利用した方が，適切に個別銘柄やポートフォリオの期待リターンを推定することができる。ここでは，個別銘柄の期待リターンの推定を例に，CAPM を利用する場合と，FF3 を利用する場合とで，推定手順がどのように異なるのか示していこう。

まずは，CAPM の手順である。4.8 節で，CAPM を利用して，関西電力の期待リターンを推定したときのことを思い出そう。最初のステップは推定対象となる銘柄 i に適合するパラメータの推定である。たとえば，月次データを利用する場合，60 ヶ月分という適当な月数分の銘柄 i のリターンやマーケットポートフォリオの超過リターンのデータを手元に用意し，次の回帰モデルを推定する。

$$\underbrace{R_{i,t} - R_{F,t}}_{\substack{\text{銘柄 } i \text{ の月次 } t \\ \text{の超過リターン}}} = \alpha_i + \beta_i \underbrace{(R_{M,t} - R_{F,t})}_{\substack{\text{月次 } t \text{ のマーケット} \\ \text{ポートフォリオ} \\ \text{の超過リターン}}} + \underbrace{u_{i,t}}_{\text{誤差項}} \tag{5.5}$$

OLS を利用して，その銘柄にフィットするパラメータとして $(\hat{\alpha}_i, \hat{\beta}_i) = (-0.10, 0.75)$ が推定されたとしよう。あとは，CAPM の式を思い出すことができれば，CAPM ベースの期待リターンを推定することができる。月間の無リスク利子率が 0.005%，マーケットリスクプレミアムが 0.3%のとき，

$$\underbrace{\mathrm{E}(R_i)}_{\substack{\text{銘柄 } i \text{ の} \\ \textbf{CAPM} \text{ ベースの} \\ \text{月間期待リターン}}} = \underbrace{R_F}_{\mathbf{0.005\%}} + \underbrace{\hat{\beta}_i}_{\mathbf{0.75}} \times \underbrace{(\mathrm{E}(R_M) - R_F)}_{\mathbf{0.3\%}} = 0.38\%$$

として月間の期待リターンが得られる。これを年率換算すれば $0.38\% \times 12 = 4.56\%$ となり，銘柄 i の CAPM ベースの年間の期待リターンを得ることができるという流れである。

他方，FF3 で期待リターンを推定する手順はどうであろうか。最初は，パラメータの推定である。ただし，推定する回帰モデルは (5.5) 式とは異なり，説明変数はマーケットポートフォリオの超過リターンに加えて，SMB と HML の実績値も含められることになる。具体的には，

$$\begin{aligned} \underbrace{R_{i,t} - R_{F,t}}_{\substack{\text{銘柄 } i \text{ の月次 } t \text{ の} \\ \text{超過リターン}}} &= a_i + b_i \underbrace{(R_{M,t} - R_{F,t})}_{\substack{\text{月次 } t \text{ のマーケット} \\ \text{ポートフォリオ} \\ \text{の超過リターン}}} \\ &\quad + s_i \underbrace{SMB_t}_{\substack{\text{月次 } t \text{ の} \\ \textbf{SMB}}} + h_i \underbrace{HML_t}_{\substack{\text{月次 } t \text{ の} \\ \textbf{HML}}} + \underbrace{u_{i,t}}_{\text{誤差項}} \end{aligned} \tag{5.6}$$

の回帰モデルを利用する。OLS によってその銘柄に適合するパラメータの組

合せ，すなわち，$(\hat{a}_i, \hat{b}_i, \hat{s}_i, \hat{h}_i) = (-0.20, 0.35, 1.25, 0.45)$ が推定されたとしよう。先ほど同様，月間の無リスク利子率が 0.005%，マーケットリスクプレミアムが 0.3%，それに加えて，サイズ・プレミアムが 0.1%，バリュー・プレミアムが 0.5%だとすると，(5.4) 式で示した FF3 の定式化より，

$$\underbrace{\mathrm{E}(R_i)}_{\substack{\text{銘柄 } i \text{ の}\\ \textbf{FF3}\text{ ベースの}\\ \text{月間期待リターン}}} = \underbrace{R_F}_{\mathbf{0.005\%}} + \underbrace{\hat{b}_i}_{\mathbf{0.35}} \times \underbrace{(\mathrm{E}(R_M) - R_F)}_{\mathbf{0.3\%}}$$

$$+ \underbrace{\hat{s}_i}_{\mathbf{1.25}} \times \underbrace{\mathrm{E}(SMB)}_{\mathbf{0.1\%}} + \underbrace{\hat{h}_i}_{\mathbf{0.45}} \times \underbrace{\mathrm{E}(HML)}_{\mathbf{0.5\%}} = 0.46\%$$

となり，年率換算すれば $0.46\% \times 12 = 5.52\%$ となる。こうして FF3 をベースにした年間の期待リターン (企業にとっての株式の資本コスト) が得られるというわけである。

5.9.2　パフォーマンス評価への応用

FF3 はパフォーマンス評価にも応用することができる。ここでは，5.2 節で説明したラッキーセブン戦略を例に，FF3 を前提にしたアルファの推定手順を説明する。まずは，ラッキーセブン戦略によるポートフォリオ p について，CAPM を前提にしたアルファを推定するための回帰モデルを思い出そう。

$$\underbrace{R_{p,t} - R_{F,t}}_{\substack{\text{月次 } t \text{ の}\\ \text{ポートフォリオ } p\\ \text{の超過リターン}}} = \alpha_p^{\mathrm{CAPM}} + \beta_p \underbrace{(R_{M,t} - R_{F,t})}_{\substack{\text{月次 } t \text{ のマーケット}\\ \text{ポートフォリオ}\\ \text{の超過リターン}}} + \underbrace{u_{p,t}}_{\text{誤差項}} \tag{5.7}$$

ラッキーセブン戦略を続けた 36 ヶ月分の月次データを利用して，上記の回帰モデルを OLS によって推定し，得られた $\hat{\alpha}_p^{\mathrm{CAPM}}$ こそが，ラッキーセブン戦略の CAPM アルファである。

一方，FF3 を前提するにする場合のアルファは，(5.7) 式の説明変数に，さらに月次 t の SMB と HML の実績値の 2 つの変数が加わり，以下の回帰モデルを推定することになり，注目すべきは推定された $\hat{\alpha}_p^{\mathrm{FF3}}$ である。

$$\underbrace{R_{p,t} - R_{F,t}}_{\substack{\text{月次 } t \text{ の}\\ \text{ポートフォリオ } p\\ \text{の超過リターン}}} = \alpha_p^{\mathrm{FF3}} + b_p \underbrace{(R_{M,t} - R_{F,t})}_{\substack{\text{月次 } t \text{ のマーケット}\\ \text{ポートフォリオ}\\ \text{の超過リターン}}} + s_p \underbrace{SMB_t}_{\substack{\text{月次 } t \text{ の}\\ \textbf{SMB} \text{ の}\\ \text{実現値}}}$$

$$+ h_p \underbrace{HML_t}_{\substack{\text{月次 } t \text{ の}\\ \textbf{HML} \text{ の}\\ \text{実現値}}} + \underbrace{u_{p,t}}_{\text{誤差項}} \tag{5.8}$$

したがって，用意すべきデータセットは，次の表 5.5 のとおりである。

表 5.5　ラッキーセブン戦略の FF3 アルファを推定するために用意するデータセット

年月 month	ポートフォリオ p の実現リターン $R_{p,t}$	無リスク利子率 $R_{F,t}$	ポートフォリオ p の超過リターン $R_{p,t} - R_{F,t}$	マーケットポートフォリオの超過リターン $R_{M,t} - R_{F,t}$	SMB の実績値 SMB_t	HML の実績値 HML_t
2011-07	11.67	0.00	11.67	2.02	0.76	2.10
2011-08	7.90	0.01	7.89	3.99	0.48	1.19
2011-09	−5.96	0.00	−5.96	−7.42	3.52	0.24
⋮	⋮	⋮	⋮	⋮		
2014-04	0.16	0.00	0.16	−2.46	1.01	0.23
2014-05	10.47	0.00	10.47	5.36	1.72	0.21
2014-06	10.85	0.00	10.85	8.02	3.33	1.04

Python での実装は，コード 5.2 と 5.3 を少しだけ修正すればおこなうことができる。修正のポイントだけ列挙すれば，次のとおりである。

コード 5.9　ラッキーセブン戦略の FF3 アルファを推定するプログラム (修正箇所のみ)

```
1  # ffMonthly の RMRF と RF，さらに SMB と HML も結合(インデックスによる結合)
2  df = pd.merge(df, ffMonthly[['month', 'RMRF', 'RF', 'SMB', 'HML']],
       on='month') # SMB と HML も df に結合
3
4  # ラッキーセブン戦略によるFF3 アルファの推定
5  model = sm.OLS(df['RPRF'], sm.add_constant(df[['RMRF','SMB', 'HML
       ']])) # 説明変数にRMRF に加えて，SMB と HML も追加
6  res = model.fit()  # OLS による推定
7  print(res.summary())  # 推定結果を表示
```

これを実行して得られた推定結果は，次の図 5.14 となった。推定されたアルファをもとに，パフォーマンス評価をおこなうときのポイントは，統計的に有意なアルファ，かつ，経済的にも有意なアルファが獲得できる戦略か否かである。合理的な水準で有意なアルファであったとしても，それがとるにたらないほど低ければいい戦略であるとはいえないし，また，経済的にみて高いアル

ファが獲得できたと喜んでいたとしても，統計的に有意なアルファでなければぬか喜びである。ラッキーセブン戦略の FF3 を前提にしたアルファ ($\hat{\alpha}_p^{FF3}$) は，0.925%であり，年率換算すると 11.1%と確かに経済的には有意なアルファであるが，合理的な水準で 0 と有意に異なるとはいえず (t-stat. = 1.41)，統計的，かつ，経済的にも有意という 2 条件を満たさない戦略であるといえる。CAPM を前提にすれば，統計的にも経済的にも有意なアルファが獲得できたラッキーセブン戦略も，FF3 を前提とすれば，ラッキーセブンポートフォリオのリスクに見合った期待リターンを統計的に有意に上回るリターンは獲得できない凡庸な取引戦略でしかなかったと評価せざるをえない [*6)]。

```
                            OLS Regression Results
==============================================================================
Dep. Variable:                   RPRF   R-squared:                       0.694
Model:                            OLS   Adj. R-squared:                  0.665
Method:                 Least Squares   F-statistic:                     24.16
Date:                Sun, 30 May 2021   Prob (F-statistic):           2.34e-08
Time:                        10:22:06   Log-Likelihood:                -94.551
No. Observations:                  36   AIC:                             197.1
Df Residuals:                      32   BIC:                             203.4
Df Model:                           3
Covariance Type:            nonrobust
==============================================================================
                 coef    std err          t      P>|t|      [0.025      0.975]
------------------------------------------------------------------------------
const          0.9252      0.657      1.408      0.169      -0.413       2.263
RMRF           1.1416      0.138      8.259      0.000       0.860       1.423
SMB            1.0128      0.298      3.393      0.002       0.405       1.621
HML            0.3514      0.354      0.993      0.328      -0.369       1.072
==============================================================================
Omnibus:                        1.196   Durbin-Watson:                   2.086
Prob(Omnibus):                  0.550   Jarque-Bera (JB):                1.178
Skew:                           0.336   Prob(JB):                        0.555
Kurtosis:                       2.423   Cond. No.                         6.23
==============================================================================
```

図 5.14 ラッキーセブン戦略に関する回帰結果

この例のように，CAPM を前提とした場合や FF3 を前提とした場合で，アルファの出方に相違することはよくあることだ。とりわけバックテストをおこなったときに，アルファの出方に違いがある場合，どちらの結果を信じればいいのか迷うことがあるかもしれない。残念なことにアカデミックの世界では，株

[*6)] なお，係数の推定値の解釈について，推定された SMB の係数 $\hat{s}_p$ が高ければ，その分，サイズプレミアムに対する感応度が高く，そのポートフォリオの期待リターンが高いといえる。注意すべきは，サイズが小さい銘柄群で構成されたポートフォリオであれば，推定された SMB の係数 $\hat{s}_p$ が高くなるというような必然的な関係があるわけではないことである。$\hat{s}_p$ を決めるのは，あくまでポートフォリオのリターンと SMB との共分散である。ただし，サイズが小さい銘柄を中心に構成されたポートフォリオは平均的に $\hat{s}_p$ が高くなる傾向があることから，$\hat{s}_p$ が高いことを理由に，そのポートフォリオはサイズが小さい銘柄を中心に構成されている (同様の理由で，$\hat{h}_p$ が高いことを理由に，そのポートフォリオはバリュー株を中心に構成されている) と解釈している論文もある。

式市場をもっとも適切に描写するモデルがCAPMであるのか，FF3であるのか，はたまたそのほかのモデルなのか，答えが出ているわけではない。デファクトスタンダードとなるモデルは存在しないのである。したがって，実践上は，CAPMやFF3，さらには新興のモデルであるFama-French 5ファクター・モデルやqファクター・モデルなど，さまざまなモデルを前提としてアルファを推定し，どのようなモデルをベースにしても統計的にも経済的にも有意なアルファが獲得できる頑健な戦略を見つけ出すことが肝要となる。

章末問題

(1) 4.9節で実装したV/P戦略を思い出そう。そのときは，CAPMにもとづいて各銘柄の期待リターンを推定した。ここでは，CAPMに代わり，FF3で期待リターンを推定し，理論株価を評価してみよう。月間のマーケットリスクプレミアムは0.3%，サイズ・プレミアムは0.1%，バリュー・プレミアムは0.5%とする。そして，$\hat{V}/P$が1を上回る割安株銘柄のみを抽出し，向こう1年間について，等加重，ならびに，時価総額加重で運用した場合のそれぞれについて，FF3アルファを推定してみよう。

(2) `stockMonthly.csv`に収録されている`qme`の列は，各年6月末の時価総額にもとづく5分位(`ME1`はサイズがもっとも小さい銘柄群で，`ME5`がサイズがもっとも大きい銘柄群)，`qbeme`は各年6月末のBE/MEにもとづく5分位(`BM1`はBE/MEがもっとも低い銘柄群で，`BM5`がBE/MEがもっとも高い銘柄群)を表している。計25個のSize-BE/MEポートフォリオについて，各年6月末の時価総額(`close` × `share`)にもとづいて，月ごとに時価加重平均リターンを求め，次のような`df`を作成してみよう。なお，時価加重平均リターンを求める期間は，2000

`df`

年月 month	サイズの5分位 qme	BE/MEの5分位 qbeme	月次tの加重平均リターン $R_{p,t}$
2000-07	ME1	BM1	2.118126
2000-07	ME1	BM2	0.466493
2000-07	ME1	BM3	0.472636
2000-07	ME1	BM4	0.817654
2000-07	ME1	BM5	4.120662
2000-07	ME2	BM1	0.927659
⋮	⋮	⋮	⋮
2014-06	ME5	BM4	6.686710
2014-06	ME5	BM5	9.325307

年 7 月から 2014 年 6 月までの計 168 ヶ月とする。

(3) 計 25 個の Size-BE/ME ポートフォリオのそれぞれについて，CAPM を前提として (5.7) 式を推定し，$\hat{\alpha}_p^{\mathrm{CAPM}}$ と $\hat{\beta}_p$，ならびにそれぞれの t 値を 5×5 の行列にまとめてエクスポートしてみよう。

(4) 今度は，FF3 を前提に，(5.8) 式を推定し，$\hat{\alpha}_p^{\mathrm{FF3}}$，$\hat{b}_p$，$\hat{s}_p$，$\hat{h}_p$，ならびにそれぞれの t 統計量を 5×5 の行列にまとめてエクスポートし，CAPM を前提とした場合と Fama-French 3 ファクター・モデルを前提とした場合で，アルファの出方に違いが出るか否か調べてみよう。

文　献

1) Carhart, M. M. (1997). On persistence in mutual fund performance. *Journal of Finance*, 52, pp. 57–82.
2) Fama, E. F. and French, K. R. (1993). Common risk factors in the returns on stocks and bonds. *Journal of Financial Economics*, 33, pp. 3–56.
3) Frazzini, A. and Pedersen, L. H. (2014). Betting against beta. *Journal of Financial Economics*, 111, pp. 1–25.
4) Hirshleifer, D., Jian, M. and Zhang, H. (2018). Superstition and financial decision making. *Management Science*, 64, pp. 235–252.
5) Weng, P. S. (2018). Lucky issuance: The role of numerological superstitions in irrational return premiums. *Pacific-Basin Finance Journal*, 47, pp. 79–91.

Chapter 6
応用ケース

この章では，3つの応用ケースをあつかう。1つ目のケースは，ベータをリスク指標と考え，業種間でベータを推定・比較し，それが時間とともに変化していることを紹介する。2つ目のケースとして，会計数値をもちいた銘柄選択によってアルファを獲得できるというアクルーアルズアノマリーを説明する。アクルーアルズアノマリーは数々のアノマリーの中でも，もっとも強力なものの1つとして知られている。最後のケースとして，投資家の群衆行動の度合いを示すハーディング指標を紹介する。データサイエンスの分野の研究から生まれたこの指標は，新しいテクニカル分析手法として活用可能なものとなろう。

6.1 ベータを手がかりに業界の特徴をみる

6.1.1 業種間のベータを比較する

企業がおこなうビジネスにはリスクがある。事業セグメントの変化や企業を取り巻く環境の変化に伴い企業が生み出すキャッシュフローは変動する。株主が受け取るキャッシュフローもそれに応じて変動するため，株価もまた変動する。ここでは株価変動と企業のビジネスを関連付けることでビジネスの特徴を理解することを目指す。

世の中には多数の企業が存在し，それらの企業はさまざまなビジネスをおこなっている。パンを作る企業，自動車を製造する企業，あるいはそのような形あるもの (財) ではなく，荷物や人を運ぶといったサービスを提供する企業などさまざまである。このようなビジネスの特徴を分類する際の1つの基準となるのは「業種」だろう。業種には食料品，輸送用機器や陸運業などが存在する。一般に日本の上場企業を対象にする分析では，東証業種分類 (33 業種) や日経業種中分類 (36 業種) をもちいて業種を分類することがおおい。

業種ごとのビジネスの特徴をどのようにとらえればよいだろうか。わたしたちはそれを測る指標をすでにもっている。4.7 節で学んだベータである。マーケットの変動に対して企業の株価変動がどのように，そしてどの程度敏感に反応するかは，マーケットリターンに対するその企業の株式リターンの感応度で測定でき，これをベータとよんだ。ここでは，任意の業種に属するすべての企業から構築されるポートフォリオ (業種ポートフォリオ) についてベータを推計し，それを業種間で比較することでビジネスについて何がいえるかを検討してみよう。

図 6.1 は東証業種分類ポートフォリオをもちいて推定した業種ベータの比較である。東証業種分類ポートフォリオとは，東証一部上場銘柄を業種別に時価総額加重で組み入れたポートフォリオである。この図からわかるようにベータは業種間で異なる。たとえば電気・ガス業や食料品業のベータは低い一方で，金融関連業種のベータは高い傾向がみられる。また輸送用機器業のベータは 1 に近く，ほぼ市場と同じような動きをしているのがわかる。このようなベータの違いは，各業種のビジネスの特性を考慮すれば理解できるだろう。食品業に属する企業は景気に左右されにくい事業を営んでいるためキャッシュフローは比較的安定している。わたしたちの日々の生活において，株式市場の低迷に象徴されるような不況時に食費を減らす (逆に増やす) ということはないだろう。一方で，株式市場が好調で景気がいいときに自動車の買い替えをおこなう人がおおく自動車業界の収益が向上する，つまり企業業績が市場と連動するということがあるかもしれない。さらに個別企業レベルで考えると，同じ自動車業界であったとしても高級車を製造する企業と大衆車を製造する企業というように，提供する財やサービスが異なれば市場との連動度合いも異なると考えられる。このようにベータから業界のビジネスの特徴を理解することが可能なのである。

6.1.2 ベータを手がかりに業種内容の変化をみる

企業は事業の束とみなすことができる。チョコレートとタコスを作る企業であれば，株主はチョコレート事業とタコス事業の各事業から生み出されるキャッシュフローのリスクの影響をうける。企業が営む事業から生み出されるキャッシュフローは，さまざまな経済状況によって変動する。タコスブームがおこればキャッシュフローは増加し，ブームが去ればキャッシュフローは減少するだ

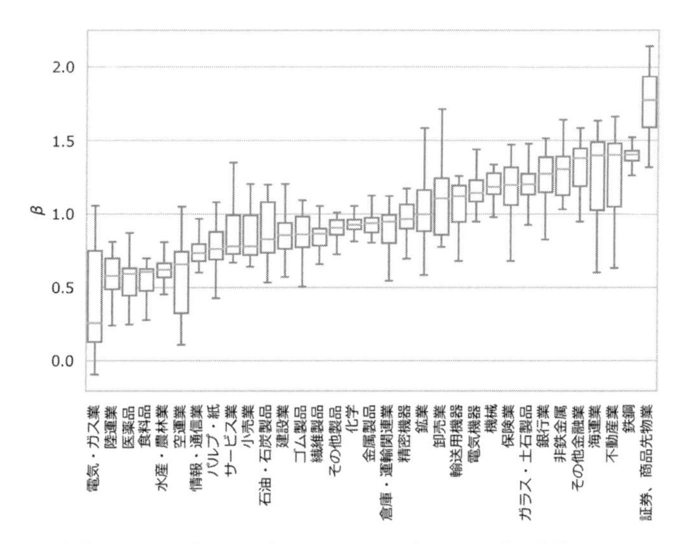

図 6.1 業種ベータの比較。1999 年 1 月から 2020 年 12 月の東証業種分類ポートフォリオをもちいて推定した業種ベータの比較である。ここでは TOPIX をマーケットポートフォリオとみなし，4.8 節で紹介した方法で各業種ポートフォリオのベータを推定した。ベータの推定には過去 5 年間の月次リターンをもちいている。ここで示した図は，箱ひげ図 (ボックス・プロット) とよばれ，各ボックス内の横線は中央値を，ボックスの上下の線はそれぞれ 25 パーセンタイル値と 75 パーセンタイル値を示す。ボックスから上下にのびた線の両端は異常値を除いた場合の最小値と最大値をあらわしている。

ろう。このようなキャッシュフローのばらつきをビジネスリスクという。ビジネスリスクは企業が営む事業に起因するリスクである [*1)]。

企業のビジネスやそのリスクは時間とともに変化するため，それに伴いベータも変動する。企業がチョコレートとタコスに加えて，新たに電気自動車の製造を始めれば，企業のリスクが変化し，ベータも変化するだろう。そのため，ある時点で推定されたベータを過去・未来にも適用できるとは限らない。

ここでは例として情報・通信業界のリスクが時間とともにどのように変化してきたかをみてみよう。図 6.2 は上と同じデータをもちいて 60 ヶ月 (5 年間) のローリング・ウィンドウで推定した情報・通信業のベータの推移を示してい

---

*1) ビジネスリスクに加え，ベータは財務リスク (レバレッジ) の影響も受ける。業種間で財務戦略に顕著な違いがある場合，推定されたベータは単純にビジネスリスクの比較にはならない。そのため，ベータから財務リスクの影響を取り除く作業 (アンレバー化) が必要になる。詳細はコーポレートファイナンスのテキストを参照されたい。

る[*2)]。図からは情報・通信業のベータは期間内で大きく変化していることがわかる。2004年には1.7であったベータは徐々に低下し，2008年には0.6になっている。この現象の考えられる要因として，それまでは景気に応じて投資・利用していた情報・通信技術やサービスが2008年以降，社会により広く普及し，日々の生活になくてはならないものになったということであろう。つまり，情報・通信業界の企業は安定したキャッシュフローを獲得できるようになったといえる。このように，ベータの変化からビジネスの変化をとらえることができるのである。

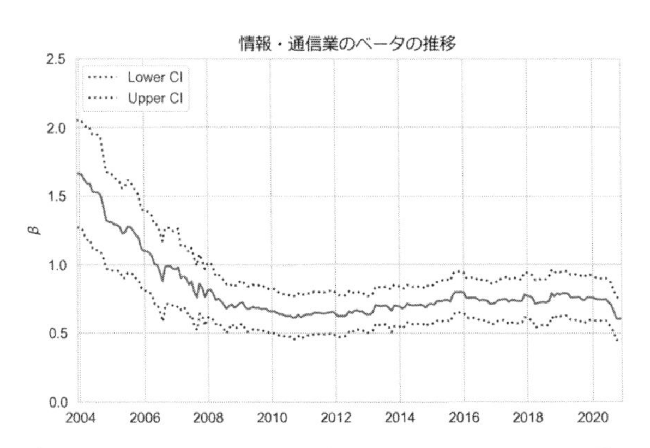

図 6.2　5年のローリング・ウィンドウで推定したベータの推移。図中の実線はベータの推定値，Upper CI と Lower CI はその95%信頼区間 (confidence intervals) をあらわす。

では実際にローリング・ウィンドウでベータを推定してみよう。ここでは月次株価データ `stockMonthly.csv` から `A0080` と `B0030` を選択して，それらのベータを5年間のローリングで推計した。コード6.1では，ベータの推定とその推移を描画する方法を紹介している。`RollingOLS` クラスで，推定する期間 (`window`) を設定し，ローリングしてベータを推定する。推定されたベータの時系列推移から，それぞれ不動産業，食品業，情報・通信業のうちどの業種に属

*2)　5年間のローリング・ウィンドウとは，たとえば2010年のベータを推定するために2006年から2010年の株価を，2011年のベータを推定するために2007年から2011年までの5年間の株価をもちいるというように，推定にもちいる観測値数を一定に保ちながら推定期間をずらしていく手法である。この手法は2.2.1項や2.2.2項，5.6節で学んだ移動平均の計算やローリング回帰と同じである。

する企業かを考えてみよう。

コード 6.1　ローリング・ウィンドウでベータを推定し，それを描画する

```
1  import pandas as pd
2  import statsmodels.api as sm
3  from statsmodels.regression.rolling import RollingOLS
4
5  stockMonthly = pd.read_csv('./data/stockMonthly.csv', parse_dates=['
       month'])
6  stockMonthly['month'] = stockMonthly['month'].dt.to_period('M')
7  stockMonthly = stockMonthly.set_index('month').sort_index()
8
9  ffMonthly = pd.read_csv('./data/ffMonthly.csv', parse_dates=['month
       '])
10 ffMonthly['month'] = ffMonthly['month'].dt.to_period('M')
11 ffMonthly = ffMonthly.set_index('month').sort_index()
12
13 stockMonthly = stockMonthly.merge(ffMonthly, how='inner', on='month')
14 print(stockMonthly)
15
16 code = 'A0080' # A0080 or B0030 を選択
17 df = stockMonthly[stockMonthly['ticker'] == code]
18 y = df['return'] - df['RF']
19 x = df['RMRF']
20 model = RollingOLS(y, sm.add_constant(x), window=60)
21 res = model.fit()
22 params = res.params
23 fig = res.plot_recursive_coefficient(variables=['RMRF'])
24 # fig は図全体のオブジェクトで，内部には複数の subplot を持てるが，
25 # 今回は 1つのsubplot のみで構成されているので，その subplot は
26 # fig.axes[0]で取得できる。
27 ax = fig.axes[0]
28 ax.grid()
29 ax.set_title(f'{code}')
30 ax.set_ylim(0, 2.5)
31 ax.set_ylabel('beta')
```

図 6.3 は，コード 6.1 を実行した結果，出力された図である。A0080 のベータは 1 より小さく安定して推移している。一方，B0030 のベータは比較的高く 2007 年以降さらに上昇している。食品業のベータは図 6.1 でも確認したように，低位で安定しているという特徴があった。このことから，A0080 は食品業の企業であると考えられる。一方，情報・通信業のベータは図 6.2 で確認した

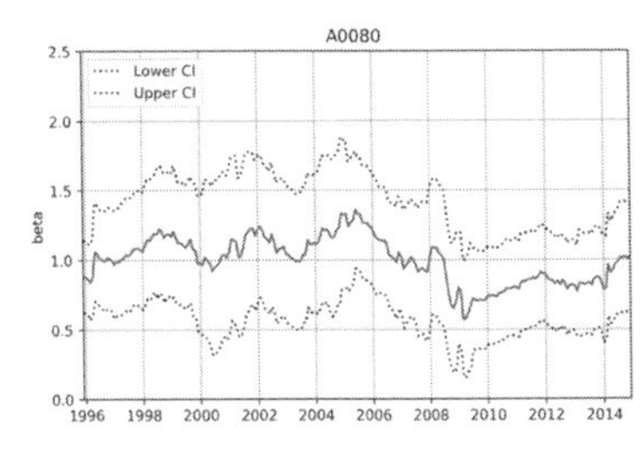

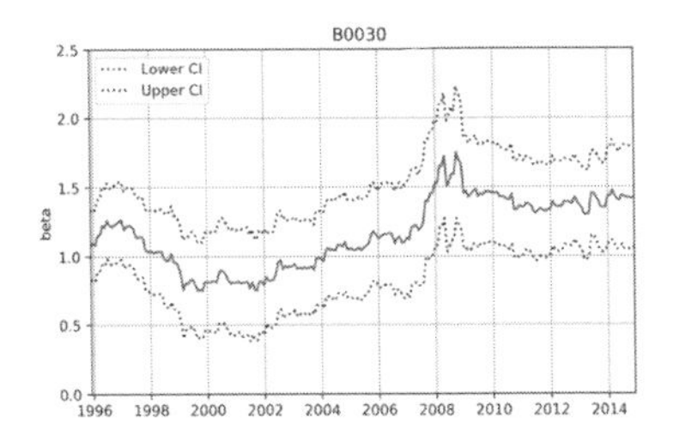

図 6.3 A0080 と B0030 のベータの推移

ように，近年は低い水準で推移している。また，不動産業のベータは比較的高いという特徴があった。さらに，2007〜2009 年の世界金融危機が住宅ローンに起因する危機であったことを勘案すると，B0030 の 2007 年以降のベータの上昇は，この影響を強く受けた業種と推測できる。以上のことから B0030 は不動産業の企業であると考えられる。

6.2 アクルーアルズを利用してアルファ獲得を目指す

6.2.1 第 3 の財務諸表：キャッシュフロー計算書

企業が株主に対して配当を支払ったことによって投資家には現金が流入する一方，企業からは現金が流出する。年間を通じて，企業からは配当支払いに限らずさまざまな事象により現金が流出し，反対に，売上収入をはじめとしてさまざまな事象により現金が流入する。企業において，1 年の間にどのような形でいくらの現金の流出入があり，トータルでどれだけの現金の増減があったを明らかにする書類としてキャッシュフロー計算書 (cash flow statement: C/F or C/S) がある。B/S や P/L に並ぶ第 3 の財務諸表である。キャッシュフロー計算書のイメージは以下の図 6.4 のとおりである。(1) 期首に現金をいくら保有していたか，(2) 期中に現金がいくら増減したか，そして，その結果として (3) 期末にいくらの現金を保有しているかを示すものである。特徴としては，(2) において，単にトータルの現金の増減を示すだけではなく，企業の経済活動を営業，投資，財務の 3 つの活動にわけて，それぞれでどれだけの現金の増減があったかを示し，企業にとっては血液ともいえる現金の流れを詳細に知らせてくれる。

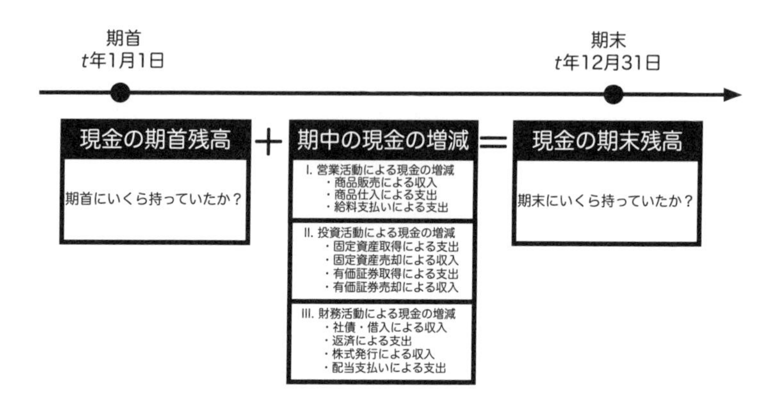

図 6.4　キャッシュフロー計算書のイメージ図

6.2.2　利益の品質を評価する尺度：アクルーアルズ

発生主義会計 (accrual accounting) とよばれる上場企業が採用する会計ルールのもとでは，たとえ現金収入を伴わない掛け販売 (ツケで販売) であったとしても，商品を販売したという重要な事実は発生したわけだから，そのときに収益を計上する。たとえば，商品 100 を掛け販売したことによって，営業活動によって得られる現金収入は 0 である一方で，売上高として収益 100 が計上されることになる。ここで伝えたいエッセンスは，損益計算書上の収益は必ずしも営業活動による収入額と一致しないということである。この事実をふまえると，収益と一口にいっても，営業活動による収入を伴う収益とそれ以外の収益にわけることができる。

$$\text{収益} = \text{営業活動による収入} + \text{それ以外の収益} \tag{6.1}$$

たとえば，先の企業の場合，掛け販売以外に取引がなかったとすると，収益，営業活動による収入，それ以外の収益は，それぞれ 100，0，100 になる。

他方，収益とは対の概念である費用にもこのストーリーをあてはめることができる。すなわち，費用と一口にいっても，営業活動による支出を伴う費用とそれ以外の費用にわけることができるのである。したがって，次式が成立する。

$$\text{費用} = \text{営業活動による支出} + \text{それ以外の費用} \tag{6.2}$$

(6.1) 式から (6.2) 式を差し引くことによって，損益計算書とキャッシュフロー計算書の結びつきを知ることができる。

収益	=	営業活動による収入	+	それ以外の収益
−) 費用	=	営業活動による支出	+	それ以外の費用
当期純利益	=	CFO	+	アクルーアルズ

左辺は，損益計算書上の収益から費用を差し引くことによって求められた当期純利益である。一方，右辺の第 1 項は営業活動による収入から支出を差し引いたキャッシュフロー計算書上の**営業活動によるキャッシュフロー** (cash flow from operations: CFO) をあらわす。そして，右辺の第 2 項は営業活動による収入を伴わない収益から支出を伴わない費用を差し引いたものであり，これを**アクルーアルズ** (accruals) とよぶ。この計算結果が示唆するのは，損益計算書上の当期純利益は，(a) 営業活動による現金の増減額たる CFO と (b) それ以外の部分に相当するアクルーアルズの 2 つによって構成されるということである。(a) は当期純利益のうち，営業活動による現金増加にうらづけられた部分，他方，(b) は当期純利益のうち，営業活動による現金増加にうらづけられない部分と解釈することができる。

当期純利益が 2 つの要素によって構成されることを利用して，わたしたちは各企業の**利益の質** (quality of earnings) を推し量ることができる。同じ重さの果物でもその品質は千差万別であるのと同じように，同じ当期純利益を計上している企業でもその品質は異なるのである。当期純利益の品質を教えてくれるのがアクルーアルズである。いま，同じく 100 の当期純利益を計上した企業 A と企業 B がある。両者の決定的な差は，企業 A の当期純利益 100 は，営業活動による現金増加のうらづけのある CFO で主に構成されている一方で，企業 B の当期純利益 100 は，営業活動による現金増加のうらづけのないアクルーアルズで主に構成されていることである。その結果が，アクルーアルズの大きさにあらわれており，企業 A のアクルーアルズは 10 とすくなく，企業 B のアクルーアルズは 70 とおおい。いずれの企業の利益の質が高いか，それは当期純利益のうち営業活動による現金増加のうらづけのある CFO がおおい一方で，そのうらづけのないアクルーアルズがすくない企業 A と判断することができる。アクルーアルズがすくない (おおい) ことは，利益の質が高い (低い) ことのシグナルとなるのである。

企業A	
当期純利益	
100	
CFO	アクルーアルズ
90	10

企業B	
当期純利益	
100	
CFO	アクルーアルズ
30	70

6.2.3 アクルーアルズと投資家の非合理性

ある期に当期純利益の水準が高い企業は，将来もその水準も高い傾向がある*3)。すなわち，今期の当期純利益の水準は，将来にも持続する傾向がある。もう1つの興味深い事実は，確かに当期純利益は持続するが，その構成要素であるCFOとアクルーアルズのそれぞれが，将来の利益水準に与える影響は大きく異なる点である。当期のCFOは将来の利益水準に大きなインパクトを与える一方，当期のアクルーアルズはCFOに比べて相対的に小さなインパクトしか与えないのである。したがって，前節のように当期の利益水準が同じ企業Aと企業Bを想定した場合，その利益のおおくがアクルーアルズによって構成される(すなわち，アクルーアルズがおおく，CFOがすくない)企業Bの将来利益は，アクルーアルズがすくなく，CFOがおおい企業Aの将来利益に比べて，相対的に低迷することになる。

投資家が賢明であれば，当期のアクルーアルズ水準が，将来利益の多寡に及ぼす影響を十分に認識して，株価形成がおこなわれることになる。したがって，当期のアクルーアルズの水準をベースにいかなる投資戦略を採用しようが，プラスのアルファを獲得することはできないはずである。しかし，ある研究では，投資家がそこまで賢明ではない可能性が指摘されている。投資家は，当期純利益をCFOとアクルーアルズとにわけて，それぞれの将来利益に対するインパクトの違いまで考慮して投資はおこなっていないかのごとくナイーブだというのである[3)]。もし，投資家がそれほどまでにナイーブであれば，どのような現象が市場ではおこるのであろうか。ここでは，多少の厳密性は犠牲にして，エッセンスだけを図6.5をもとにして伝えよう。

企業Aは当期のアクルーアルズがすくないわけだから将来利益も好調が続

*3) なお，企業規模が大きければ，必然的に当期純利益の金額はおおくなる。ここでいう利益水準とは，企業規模の違いを考慮しても，他社と比べてその企業の利益がおおいかを意味し，期首の総資産で当期純利益の金額を除した値を指す。

き，その結果，将来の配当も堅調に推移するであろう。他方，企業Bは当期のアクルーアルズがおおく，将来利益は低迷し，その結果，将来の配当も軟調となるであろう。結果的に，4.6節で説明したDDMが示唆するとおり(両社の期待リターンが等しいと仮定する限り)，将来の期待配当のおおい企業Aの理論株価は，将来の期待配当のすくない企業Bのそれより高くなるはずである。にもかかわらず，もし，投資家がCFOとアクルーアルズを区別せずに，当期純利益の水準だけをみて両社を評価しているのであれば，両社は，当期の利益が同じで，将来も同じような利益水準が持続し，両社の将来配当の動向も同じように推移するととらえてしまう。その結果，両社の当期純利益が発表された直後では，両社の株価は等しく形成されてしまうのである。こうした誤った株価形成(ミスプライシング)がひとたび現実におこれば，そうした誤りが永遠に続くわけではなく，時の経過とともに理論株価に収束するように徐々に誤りは修正されていくであろう。その過程において，アクルーアルズがおおく(すくなく)，理論株価の低い(高い)B社(A社)は徐々に株価が低下(上昇)し，リターンはマイナス(プラス)となるのである。

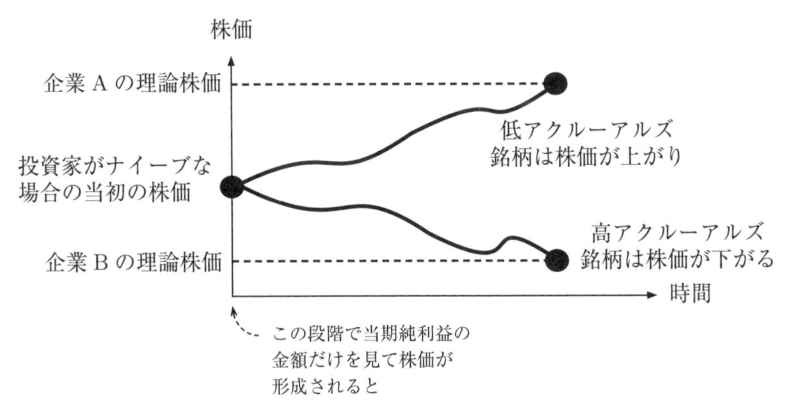

図6.5　投資家がナイーブであった場合のアクルーアルズと株価との関係

このストーリーが実際にあてはまるのか検証してみよう。連結財務諸表を開示する3月末決算企業を対象に，当期純利益の金額とCFOの金額をベースにアクルーアルズを計算しよう。企業iのt期におけるアクルーアルズ($Accruals_{i,t}$)の計算にあたっては，(6.3)式のとおり，期首の総資産でアクルーアルズを除すことによって，企業規模によるアクルーアルズの違いを調整する。

$$Accruals_{i,t} \equiv \frac{\overbrace{(\text{当期純利益} - \text{CFO})}^{\text{アクルーアルズ}}}{\text{期首総資産}} \tag{6.3}$$

アクルーアルズの計算の源となる当期純利益やCFOの金額は，遅くとも決算日から3ヶ月後にはその数値が決算短信や有価証券報告書といった情報ソースから入手可能であるため，6月末には各企業の $Accruals_{i,t}$ の値が出揃い，$Accruals_{i,t}$ の大きさにもとづいて銘柄を分類することができる。ここでは，年度ごとに $Accruals_{i,t}$ の多寡に応じて，10分位ポートフォリオを構築することを想定しよう。

そして，各ポートフォリオ内ですべての銘柄に等しく投資ウェイトを割り当てて，7月1日から翌年6月末までの12ヶ月間運用する。2000年から2015年までの計16年間 (16年 × 12ヶ月 = 192ヶ月) の月次データをもちいて，各ポートフォリオのFama-French 3ファクター・モデルのアルファを推定しよう。すなわち，被説明変数には，ポートフォリオ p の月次 t の等加重平均リターンにもとづく超過リターン $(R_{p,t} - R_{f,t})$ を据え，説明変数にはFama-Frenchの3ファクターを据えた以下の回帰モデルを推定するのである。

$$R_{p,t} - R_{F,t} = \alpha_p + b_p(R_{M,t} - R_{F,t}) + s_p SMB_t + h_p HML_t + u_{p,t} \tag{6.4}$$

以下の表6.1がその推定結果である。アクルーアルズがもっとも低いLowest Accrualsポートフォリオのアルファは0.498% ($p < 0.01$) であり，統計的にも有意なプラスのアルファが得られた。一方，それがもっとも高いHighest Accrualsポートフォリオのアルファは，統計的には有意ではないもののマイナスである ($\hat{\alpha} = -0.023\%$)。特筆すべきは，アクルーアルズがもっとも高いポートフォリオをショートし，アクルーアルズがもっとも低いポートフォリオをロングするというロング・ショート戦略 (5.4節を参照) を採用した場合のアルファ (一番右の列) は0.521% ($p < 0.01$) と統計的にも有意であり，年率に換算すると実に6.25%にものぼる。こうして，Fama-French 3ファクター・モデルを与件として，アクルーアルズという簡便に計算できる指標をもとにした取引戦略により，統計的にも経済的にも有意なアルファが獲得できるのである。

ただし，別の期待リターン・モデルを前提とすれば，アクルーアルズにもとづく取引戦略のアルファはとるにたりないものへと押し下げられると主張する

表 6.1 10 アクルーアルズポートフォリオの FF3 アルファ

	Lowest Accruals	D2	D3	D4	D5	D6	D7	D8	D9	Highest Accruals	Long-Short
α	0.498	0.239	0.244	0.201	0.169	0.119	0.058	0.083	0.080	−0.023	0.521
	(2.82)	(2.27)	(2.78)	(2.47)	(2.13)	(1.46)	(0.63)	(0.91)	(0.76)	(−0.15)	(3.96)
b	1.193	1.003	0.977	0.964	0.922	0.937	0.946	0.950	0.970	1.117	0.076
	(34.39)	(48.61)	(56.76)	(60.16)	(59.20)	(58.55)	(52.60)	(52.63)	(46.72)	(36.38)	(2.95)
s	1.033	0.757	0.736	0.741	0.722	0.747	0.774	0.840	0.872	1.060	−0.026
	(15.44)	(19.03)	(22.16)	(23.96)	(24.04)	(24.21)	(22.34)	(24.12)	(21.77)	(17.90)	(−0.53)
h	0.219	0.371	0.359	0.444	0.393	0.372	0.457	0.372	0.416	0.192	0.027
	(2.86)	(8.15)	(9.46)	(12.56)	(11.44)	(10.53)	(11.53)	(9.33)	(9.07)	(2.84)	(0.47)
R^2	0.87	0.93	0.95	0.95	0.95	0.95	0.94	0.94	0.93	0.89	0.05

論文もあり，果たしてアルファの源泉が，投資家のナイーブさ (非合理性) に起因するのか否かについては，いまなお議論が続いている。

6.3 ハーディング指数で市場をみる

6.3.1 市場におけるハーディングとは

合理的な投資家は，事業の将来性や企業価値をさまざまな情報から判断して株価を決めている。しかし，皆が売るから売る，買うから買うという，他人の行動に依存して意思決定する投資家も存在する。これは非合理的な群衆行動 (ハーディング) である。こうした投資行動は素人投資家だけのものとは限らない。プロといえどもハーディングしている証拠はいくつか報告されている。たとえば，トゥルーマン (Brett Trueman) は，証券アナリストは他のアナリストの評価変動に対してハーディングをおこしていると指摘し[4)]，グラハム (John Graham) は，とりわけ証券アナリストが対象としている企業の業績不確実性が高いときに，よりその傾向は顕著となることを理論と実証で示している[2)]。ブラウン (Nerissa C. Brown) らはこうしたアナリストのハーディングが，未経験なファンドマネージャーのハーディングをひきおこし，株式市場に影響を与えていると主張している[1)]。しかも，ハーディングをおこした投資家がむやみに株式を売却した場合は，マーケットがもっとも強く反発する局面 (売られすぎ状態) が生じるという。

市場関係者が「セリングクライマックスがきたので，あとは株価は反転するだけだ」という意味の発言をすることがあるが，「セリングクライマックス」とは個別銘柄レベルで発生しているハーディング現象が，マーケット全体に拡散しているような状況なのかもしれない。そうであれば，ハーディングの発生程度をシステマティックにとらえることで，先物取引における収益機会を見つけられるのではないか。本節では，ハーディングの可視化の手法について紹介する。

6.3.2　2 銘柄の連動を考える

複数銘柄が連動するとはどういうことであろうか。図 6.6 は，2 つの銘柄 A0036 と K0070 に関する 2010 年 1 月の 19 営業日のローソク足チャート (2.1.7 項参照) である。ライブラリと日次株価データの読み込みをコード 6.2 に，ローソク足チャートを出力するプログラムをコード 6.3 に示す。

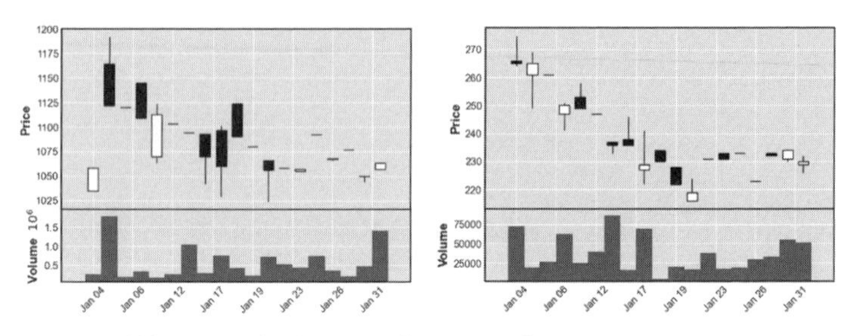

図 6.6　銘柄 A0036 (左) と K0070 (右) の 2010 年 1 月のローソク足チャート

コード 6.2　ライブラリの読み込みと本節であつかう共通データの読み込み

```
1  import os
2  import pandas as pd
3  import mplfinance as mpf
4  os.makedirs('./output', exist_ok=True)
5
6  # 銘柄ごとの日次リターンデータの読み込みと,計算に必要な列の選択
7  stockDaily = pd.read_csv('./data/stockDaily.csv', parse_dates=['date
       '])
8  stockDaily['date'] = stockDaily['date'].dt.to_period('D')
9  stockDaily = stockDaily[['ticker','date','open','high','low', 'close
       ', 'volume']]
10 print(stockDaily)
```

コード 6.3　銘柄 A0036 と K0070 の 2010 年 1 月のローソク足チャートを作成するプログラム

```
1  # 2つの銘柄A0036,K0070 の 2012 年 1 月のローソク足チャート
2  # mpf.plot では横軸の日付は DateTime 型でなければならないので,
3  # dt.to_timestamp()で変換している。
4  df1 = stockDaily[stockDaily['ticker'] == 'A0036']
```

```
5   df1.index = df1['date'].dt.to_timestamp()
6   df1.drop(columns=['date']).sort_index()
7   df2 = stockDaily[stockDaily['ticker'] == 'K0070']
8   df2.index = df2['date'].dt.to_timestamp()
9   df2.drop(columns=['date']).sort_index()
10
11  df1 = df1.loc['2012-01']
12  df2 = df2.loc['2012-01']
13  mpf.plot(df1, type='candle', volume=True)
14  mpf.plot(df2, type='candle', volume=True)
```

このチャートには，始値，高値，安値，終値，出来高の 5 つの情報が含まれており，どの変動をみるかによって「連動」の定義も異なってくるであろう。たとえば，終値の変動は，表 6.2 左列に示されるとおりで，折れ線チャートで描画すると図 6.7 左のようになる。終値の変動の比較を終値そのものでおこなうと，銘柄によってスケールが異なるため，連動しているのかどうかよくわからない。そのような場合は，それぞれの系列を z スコア (z-score) で標準化するとよい。系列 $X = (x_1, x_2, \ldots, x_n)$ における t 日の値 x_t の z スコアは，$(x_t - \mathrm{mean}(X))/\mathrm{sd}(X)$ で定義され ($\mathrm{mean}(X)$ は X の平均を，$\mathrm{sd}(X)$ は X の標準偏差をあらわす)，各値が平均からどの程度離れているかを標準偏差で基準化したものである。その計算結果は，表 6.2 右列，および図 6.7 右に示されている。

さて，これら 2 つの銘柄の終値はどれだけ連動していると考えればよいであろうか。変動全体でみると連動しているようにみえるが，部分的にみると，動きの違いが目立つときもある。この連動性を数理的にあらわすには，2.6 節で解説したように相関係数をもちいればよい。相関係数は，標準化された系列間の共分散としても定義され，まさに図 6.7 右の関係性をうまく表現できている。ただし，系列の順序については考慮されず，上昇傾向において相関が高いのか，下降傾向で高いのかといった変動の傾向は表現できていないことは注意が必要である。

コード 6.4　2 銘柄の価格推移の関係を折れ線チャートで描画するプログラム

```
1   # date を結合キーにして df1 に df2 を結合する。
2   df = df1[['close']].join(df2[['close']], lsuffix='_A36', rsuffix='
        _K70')
3   # 2銘柄の終値をそのまま折れ線チャートで描画
4   ax=df.plot()
```

```
5   # 2銘柄の終値の単位を揃えるためにzscore を求めて描画
6   # zscore(xi) = (xi-mean(x))/std(x)
7   df['close_A36z'] = ((df['close_A36'] - df['close_A36'].mean())
8                      / df['close_A36'].std())
9   df['close_K70z'] = ((df['close_K70'] - df['close_K70'].mean())
10                     / df['close_K70'].std())
11  ax = df[['close_A36z', 'close_K70z']].plot()
12  print(df)
```

表 6.2 2 つの銘柄の終値の推移 (左) とその z スコア (右)

日付	終値		終値の z スコア	
	A0036	K0070	A0036	K0070
2012-01-04	1058	265	−0.966952	1.914275
2012-01-05	1122	265	1.723697	1.914275
2012-01-06	1120	261	1.639614	1.630125
2012-01-10	1109	250	1.177159	0.848712
2012-01-11	1113	249	1.345324	0.777674
2012-01-12	1103	247	0.924911	0.635599
2012-01-13	1094	236	0.546538	−0.145814
2012-01-16	1070	236	−0.462455	−0.145814
2012-01-17	1060	229	−0.882869	−0.643077
2012-01-18	1090	230	0.378373	−0.572039
2012-01-19	1080	222	−0.042041	−1.140339
2012-01-20	1056	219	−1.051035	−1.353452
2012-01-23	1058	231	−0.966952	−0.501002
2012-01-24	1057	231	−1.008993	−0.501002
2012-01-25	1092	233	0.462455	−0.358927
2012-01-26	1067	223	−0.588579	−1.069302
2012-01-27	1077	232	−0.168166	−0.429964
2012-01-30	1050	234	−1.303283	−0.287889
2012-01-31	1063	230	−0.756745	−0.572039

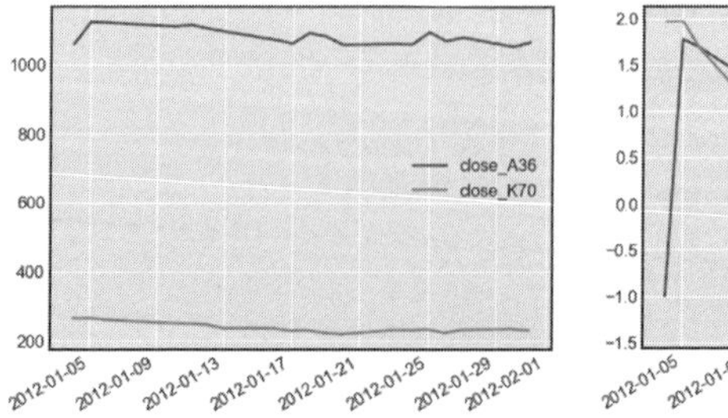

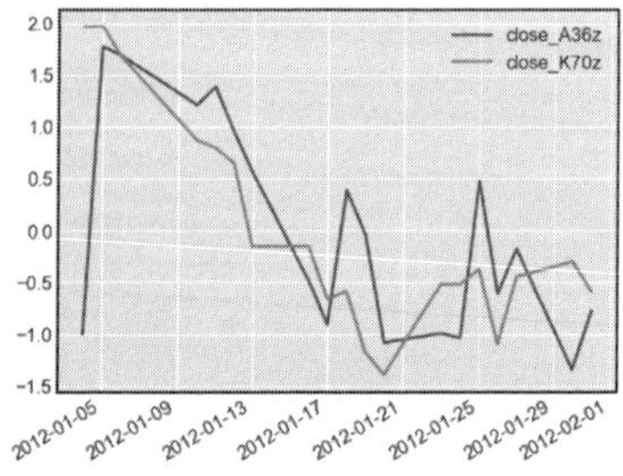

図 6.7 銘柄 A0036 と K0070 の 2012 年 1 月の終値の推移の関係 (コード 6.4)。左は，終値の折れ線チャートで，右上は終値を z スコアに変換して描画したもの。

6.3.3　変数による連動の違いをみる

それでは，終値だけではなく，始値や高値などの他の変数についても 2 つの銘柄がどの程度連動しているか，それらの相関係数を計算してみよう。ここでは 5 つの変数 (open，hight，low，close，volume) に加えて，以下に示す新たな 2 変数を加えた 7 つの変数の系列について，銘柄 A0036 と K0070 の相関係数を求める (コード 6.5)。

hml　高値から安値を減算したもので，高ければその銘柄の値動きが大きかったことを示す (3, 4 行目)。

cmo　終値から始値を減算したもので，その日に値上がりしたかどうかがわかる (6, 7 行目)。

このように，基本的な 4 本値と出来高のデータから作成される新たな変数は一般的に特徴量とよばれるが，江戸時代に開発されたテクニカル分析手法である酒田五法で知られるように，過去にもさまざまな特徴量が開発されてきており，それらの特徴量を利用してもよいであろう。

さて，それではプログラムと結果についてみていこう (コード 6.5，図 6.8，表 6.3)。新たな 2 つの特徴量を計算した後に (2〜7 行目)，相関係数を計算し変数名をキーとして辞書 cor にセットしている (10〜17 行目)。pandas では，DataFrame に対して corr() メソッドを実行すると，すべての列についての相関行列が計算される。一方で Series については，s1.corr(s2) の書式で，系列 s1 と s2 の相関係数を求めることができる。コード 6.5 では，Series による方法で計算している (相関行列の作成方法は後述)。最後に plot.scatter() メソッドで散布図を描画している。

求められた 7 変数の相関係数をみてみると (表 6.3)，4 本値の連動に比べて hml (高値 − 安値) の連動が高いことがわかる。ここから想像できることは，2 つの銘柄は類似業種に属する企業で，投資信託やファンド等からの資金流入があるたびに，高値と安値をつけるタイミングが一致するのではないか。出来高の連動性が低いため，企業規模は異なるが，事業内容は似ている 2 社なのかもしれない。

コード 6.5　2 つの銘柄の 7 つの特徴量に関する相関係数を計算する

```
1  # 特徴量の追加 (hml,cmo)
2  # high-low で価格の揺れ幅を表現
3  df1['hml'] = df1['high'] - df1['low']
```

```
4   df2['hml'] = df2['high'] - df2['low']
5   # close-open でローソク足のボックスを表現
6   df1['cmo'] = df1['close'] - df1['open']
7   df2['cmo'] = df2['close'] - df2['open']
8
9   # 2銘柄のopen,high,low,close,volume,hml,cmo の系列間の相関係数を求める
10  cor={}
11  cor['open'] = df1['open'].corr(df2['open'])
12  cor['high'] = df1['high'].corr(df2['high'])
13  cor['low'] = df1['low'].corr(df2['low'])
14  cor['close'] = df1['close'].corr(df2['close'])
15  cor['volume'] = df1['volume'].corr(df2['volume'])
16  cor['hml'] = df1['hml'].corr(df2['hml'])
17  cor['cmo'] = df1['cmo'].corr(df2['cmo'])
18  print(cor)
19
20  # 散布図の描画
21  pds = df1.join(df2,lsuffix='_A36', rsuffix='_K70')
22  ax = pds.plot.scatter('close_A36', 'close_K70', title='r=%.3f' % cor
        ['close'])
23  ax = pds.plot.scatter('hml_A36', 'hml_K70', title='r=%.3f' % cor['hml
        '])
```

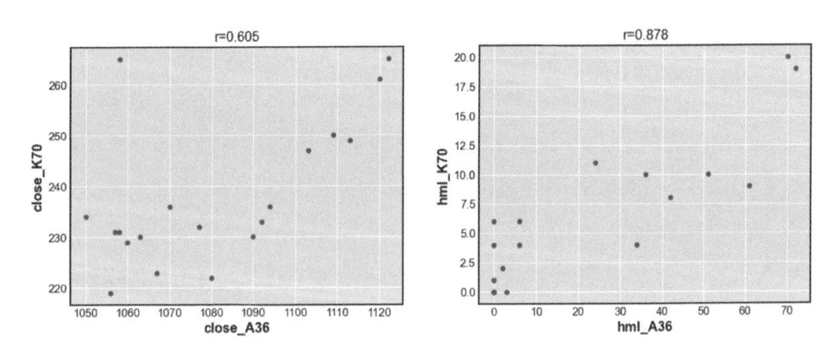

図 6.8 銘柄 A0036 と K0070 の 2012 年 1 月の終値の close(左) と hml(右) の散布図 (コード 6.5)。タイトルの r=は相関係数を表している。

表 6.3 2 つの銘柄の 7 つの特徴量に関する相関係数

変数	内容	相関係数
open	始値	0.354
high	終値	0.559
low	高値	0.416
close	安値	0.605
volume	出来高	0.137
hml	高値 − 安値	0.878
cmo	終値 − 始値	−0.418

6.3.4 任意の 2 銘柄の相関係数を計算する

ここまでで，2 つの銘柄についての連動性を相関係数で計算できることを示してきた。次に全銘柄の全ペアの相関係数を日々計算することを考えてみよう。2012 年 1 月 4 日時点でのデータ上の銘柄数は 2,847 で，銘柄ペアの組み合わせ総数は ${}_{2847}\mathrm{C}_2 = 4{,}051{,}281$ となる。また 1 年間の営業日数は約 250 であり，その日数分を掛け合わせると，1 年間に約 10 億回の相関係数の計算が必要となる。このような膨大な量の計算であっても，現代のコンピュータの性能であれば一般的なマシンであっても現実的な時間で計算することが可能である。とはいえ，数時間は計算機を回すことになるので，以下では，ticker が A から始まる 80 銘柄に絞り，かつ終値系列のみを対象とすることとする。

さて，このように全銘柄ペアの相関係数を計算できると，その中で高い相関を示す銘柄ペアの数を計算することで，ハーディングの程度を示す指標として利用できるのではないかと考えられる。高い相関の銘柄ペアがおおくなるということは，それだけ投資家が同じ行動を示していると考えることができるからである。このような変動が類似した銘柄ペア数をここではハーディング指数とよぶことにしよう。

それでは具体的な処理についてみていこう。まず，対象とするデータ (ticker が A で始まる銘柄の終値系列) を選択するプログラムをコード 6.6 に示す。Series データ ds1['ticker'] は文字列データであるため，str オブジェクトの最初 (str[0]) の文字を判定している (4 行目)。

コード 6.6 A から始まる ticker の終値データを作成する

```
1  ## 図 6-8の入力データ (1)の作成: ds1
2  # A ではじまる ticker の終値系列データを DataFrame として作成
3  ds1 = stockDaily[['date', 'ticker', 'close']].copy()
4  ds1 = ds1[ds1['ticker'].str[0] == 'A']
```

```
5    print(ds1)
```

この ds1 を入力としてハーディング指数を計算していく。その処理の概要を図 6.9 に，プログラムをコード 6.7 に示している。大きな流れとしては，図の左に示された 2 つの入力データ ds1，ffDaily から，矢印に沿って処理を進めていき，中央下の出力データ rls を作成するというものである。ffDaily は，Fama-French 3 ファクター・モデルに関連するデータであり，そこから RMRF 列を市場全体の変動を示すために利用する。出力データは，ハーディング指数を日々計算し，それに市場の値動き (RMRF の累積値) を加えた表である。

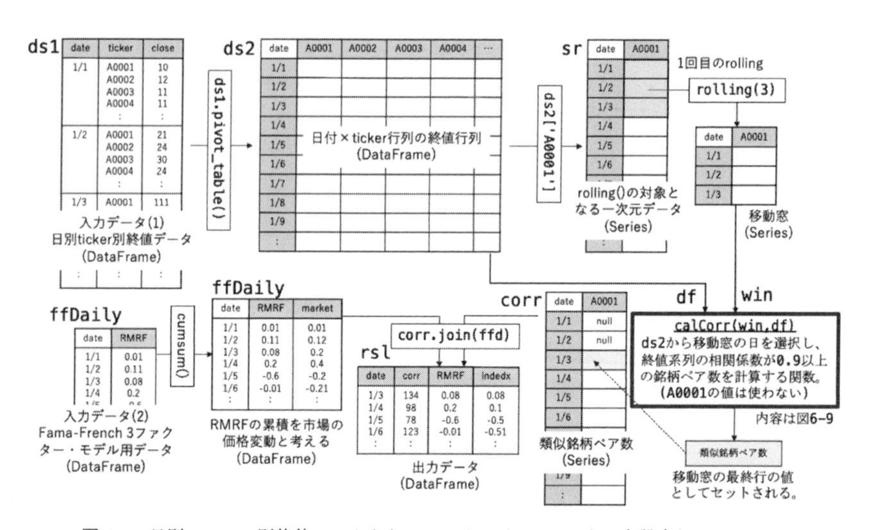

図 6.9　日別 ticker 別終値データから，ローリング・ウィンドウを設定してハーディング指数を計算する処理概要。左の 2 つの入力データ (ds1, ffDaily) から，中央下の出力データ (rsl) を作成する処理手順が示されている。図では，簡単のためにローリング・ウィンドウは 3 日で示し，date や close などの値も単純化している。表の先頭行と先頭列の網掛けは行と列のラベルであることを示しており，各表の左上の太文字はプログラムで使われている変数名をあらわしている。右下の calCorr() 関数の内容は図 6.10 に示している (後述)。

ポイントとなる処理は，ローリング・ウィンドウを設定して相関係数を計算するところにある。本書ではここまでに，ローリング・ウィンドウの処理についていくつかの方法を紹介してきたが，リターンの分析ではローリング・ウィンドウを設定した計算がよく利用されるため，ここで簡単にまとめておこう。ここまでに紹介してきたローリング・ウィンドウの処理は，以下に示す 3 つのパターンに分類できよう。

a. 単純な処理 ゴールデンクロス (2.2.1 項) や RSI (2.2.2 項) で解説した Series 型の数値系列データを処理する方法で，`rolling(3).mean()` のように，ローリング・ウィンドウの設定と処理内容を指定する方法である。処理内容は `apply()` をもちいればユーザが自由に定義できる。この方法のポイントは，利用方法が非常に簡単である一方で，データが単純，すなわち Series による 1 次元データに限定されることにある。

b. 汎用的な処理 Betting Against Beta 戦略の実装 (5.6 節) で紹介した `for` 文をもちいる方法で，ローリング・ウィンドウの設定，データの選択，処理内容の記述をすべてユーザが記述する方法である。この方法のポイントは，実装は複雑であるが，マスターしておけば，どのようなローリング・ウィンドウの処理についても対応できる点にある。

c. ライブラリが提供する処理 6.1 節で紹介した方法で，ある銘柄のベータの変化を statsmodels ライブラリの `rollingOLS()` をもちいて 回帰モデルを構築した。この方法のポイントは，データを被説明変数と説明変数に限定し，処理内容も OLS に特化している点で，処理目的が合致すれば実装は容易であるが，一方で，処理内容の細かな設定をしたり，異なる処理を実現したいときには利用できない。

さて，本節ではハーディング指数を計算するために，ローリング・ウィンドウにおける相関係数の計算が必要となる。上述の b) の方法でも計算は可能であるが，以下では，a) の方法 (すなわち，pandas の `rolling()` を使う方法) を工夫して実現するやり方を解説する。これは a) と b) の中間的な方法ともいえよう。また，pandas では c) にあたる `rolling().corr()` も提供されている。この方法は，利用が容易ではあるが，一旦，すべてのローリング・ウィンドウで相関行列を作成してしまうために，メモリを大量に消費してしまう欠点がある。データ量が少なければ有効な方法であるので，章末問題で取り上げておいた。

コード 6.7 ローリング・ウィンドウによるハーディング指数の計算

```
1  # 変動が類似する銘柄ペアをカウントする関数 # 図 6-9の概要図を参照
2  def calCorr(win, ds):
3      # rolling から送られてくる移動窓 win のインデックスで元データ ds2 を選
         択する
4      # このようなindex による選択ができるのは，ds と win の行ラベルの対応が
```

```
         取れているからである。
5        sel = ds.loc[win.index]
6        cor1 = sel.corr() # 相関行列
7        cor2 = cor1.stack() # 縦型変換
8        # 下三角行列の選択 & 閾値による選択
9        cor3 = cor2[cor2.index.get_level_values(0) < cor2.index.
             get_level_values(1)]
10       cor3 = cor3[cor3 > 0.9]
11       pairs = len(cor3) # 行数のカウント
12       return pairs
13
14
15   ## 図 6-8のds2 の作成
16   # date × ticker の終値行列の作成
17   ds2 = ds1.pivot_table(index='date', columns='ticker', values='close')
18   print(ds2)
19
20   ## 図 6-8のsr の作成
21   # A0001 列を切り出しているが，その内容は使わず，インデックス(date)をつかう
         ことが目的
22   sr = ds2['A0001']
23
24   ## 図 6-8のcorr を作成
25   # rolling の実行を実行し，各移動窓の結果(連動銘柄ペア数)が日別に得られる
26   corr = sr.rolling(10).apply(calCorr, args=(ds2,), raw=False)
27   corr = corr.dropna()
28   corr.name = 'corr'
29   print(corr)
```

それでは図の矢印の流れに従ってプログラムをみていこう。まず，2〜12 行目は関数の定義で (後述)，このプログラムで最初に実行されるのは 17 行目である。この行は，`pivot_table()` メソッドにより `ds1` を変換し，行を `date`，列を `ticker`，そして値を `close` とした行列を作成している (図 6.9 の `ds2`)。このような行列を作成するには 2 つの理由がある。1 つは，ローリング・ウィンドウの生成する `rolling()` の仕様に関するもので，日でローリング・ウィンドウを作るのであれば，1 行が一日に対応したデータでなければならず，複数の日を縦型にもった `ds1` から直接ローリング・ウィンドウを構成することができない。また `corr()` は，DataFrame 上のすべての列を系列とみなして相関行列を作成する。今回は，銘柄間の相関係数を計算したいので，すべての銘柄を列に

展開しなければならない。pivot_table() により変換されたデータはそれらの条件を満たしたデータになっている。そして，この date×ticker 行列 ds2 から，10 日間 *4) のローリング・ウィンドウを設定し相関行列を計算していく。

26 行目の rolling(10) でそのようなローリング・ウィンドウの処理をしている。そして，apply(calCorr) でローリング・ウィンドウのデータを calCorr() 関数に渡してハーディング指数を計算している。ここで 1 つ問題が出てくる。通常 apply() で指定したユーザ関数が rolling() から受け取るローリング・ウィンドウのデータは Series の数値データ限定であり，ds2 のような DataFrame をローリング・ウィンドウとしては直接受け取ることができない。そこで，ローリング・ウィンドウ用の Series データとは別に，ds2 をユーザ関数 calCorr() に渡す必要が出てくる。それを実現するのが apply() メソッドで指定している args=(ds2,) である。この指定により，ユーザ関数は，2 番目のパラメータとして ds2 を受け取ることができるようになる (1 番目のパラメータ win はローリング・ウィンドウの Series データである)。そして，calCorr() 関数の中で，ds2 からローリング・ウィンドウ win と同じ期間のデータを選択するのである (後述)。

calCorr 関数は，類似銘柄ペア数を計算しその値を返すが (12 行目)，それを rolling() が受け取り，ローリング・ウィンドウの一番下 (最後の日) の値としてセットする。以上のような処理を日をずらすことで繰り返していき，最終的に日々のハーディング指数が計算され corr にセットされる (26 行目)。

それでは，次に calCorr() 関数の内容についてみていこう。処理の流れを図 6.10 に示す。先に示したように，この関数では，ローリング・ウィンドウ win と ds2 全体への参照である ds を入力データとして受け取る。そして ds を win のラベル win.index によって選択する (5 行目)。Series であるローリング・ウィンドウ win の値は使わず，インデックスのみを利用するという意味では少しトリッキーな方法である。

今回のケースでは，1 つの変数 (close) しか利用していないので rolling() を利用できたが，複数の変数を対象とするならば rolling() で実現するのは難

---

*4)　必ずしも 10 日である必要はないが，短すぎるとノイズを拾いやすくなるし，長すぎるとハーディングとは異なる別の要因が入り込んでくる。

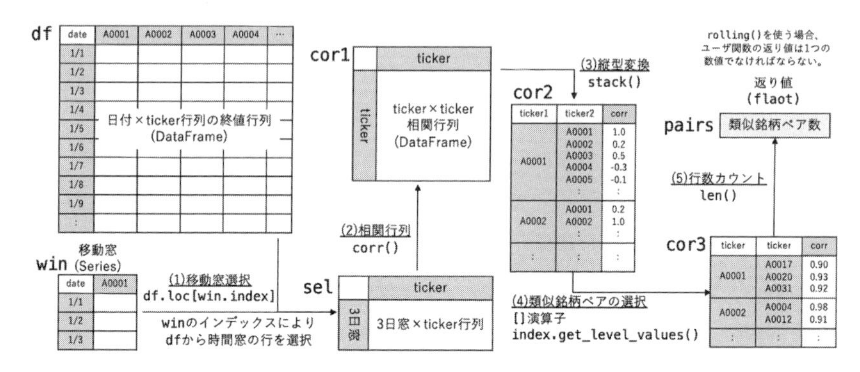

図 6.10 ローリング・ウィンドウにおける銘柄間の相関行列を計算し，相関係数が閾値以上の銘柄ペア数を計算する流れ。図では，簡単化のためにローリング・ウィンドウは 3 日で示し，date と corr も単純な値で例示している。表の先頭行と先頭列の網掛けはラベル (Index) であることを示している。

しい。また今回は相関係数という float の数値のみ返しているが，複数の値を返したり，表を返したりする場合も rolling() での実現は難しい。そのような場合は，上述の b) の汎用的な方法をもちいる必要がある。

さて，このようにして 10 日間のローリング・ウィンドウ sel が得られ，このデータに対して corr() メソッドを適用することで，すべての列 (全銘柄) の相関行列 cor1 が作成される (6 行目)。そして，行列を stack 型の表に変換することで，2 つの ticker を行ラベルとする相関係数の Series データが得られる (cor3)。相関行列は下三角行列と上三角行列が対称なので，下三角行列だけを選択する。そのために，行ラベルの 2 つの ticker を文字列として比較し小さい方のみを選択している。行ラベルである 2 つの ticker は，index.get_level_values() に位置を整数で与えることで指定している。index.get_level_values() では，名前による指定も可能であるが，2 つの行ラベルの名前がいずれも ticker で区別つかないために整数をもちいている [*5)]。そして相関係数の閾値 0.9 以上の値を選択し，len() 関数で行数をカウントすれば，類似した銘柄ペア数が求まる。条件を満たすペア数の計算は NumPy を利用すればより簡単に記述でき，その方法は章末問題で紹介している。

コード 6.7 により，日別の類似銘柄数 corr が求められた (26 行目)。次に，

*5) 名前でアクセスしたければ，事前に rename_axis() メソッドを使って行ラベルの名前を変更しておけばよい。

corr に市場の値動きを結合し，ハーディング指数と市場株価の変動との関係を視覚的に確認していこう。プログラムをコード 6.8 に，その結果を図 6.11 に示す。市場の値動きは，Fama-French 3 ファクター・モデル用のデータの RMRF の累積値を利用している。特に難しい処理はなく RMRF を cumsum() で累積し，類似銘柄数推移に結合 (join) するだけである。

コード 6.8　変動が類似する銘柄数と市場の値動きの関係を視覚化するプログラム

```
1  ## 図 6-8のffDaily の作成
2  # RMRF を市場インデックスとして利用するために，
3  # Fama-French 3ファクター・モデル用データを読み込む
4  ffDaily = pd.read_csv('./data/ffDaily.csv', parse_dates=['date'])
5  ffDaily['date'] = ffDaily['date'].dt.to_period('D')
6  ffDaily = ffDaily.set_index('date').sort_index()
7
8
9  ## 図 6-8のffDaily の作成の index 列作成
10 # RMRF は日次のリターンなので，累積を求めることで市場全体の時系列的変動をあ
       らわすことができる
11 ffDaily['index'] = (ffDaily['RMRF']+ffDaily['RF']).cumsum()
12 print('## ffDaily\n', ffDaily)
13 print('## corr\n', corr)
14
15 ## 図 6-8のresult の作成
16 # ペア数にRMRF 累積値を結合する
17 result = pd.DataFrame(corr).join(ffDaily)
18 print('## results\n', result)
19
20 ## 図 6-10の折れ線チャートの描画
21 ax = result[['corr', 'index']].plot(secondary_y=['index'])
```

6.3.5　ハーディングと市場の動向

図 6.11 をみてみると 1990 年から株式市場は何度も危機的状況に直面し，そのたびに暴落と再生を繰り返していることがわかる。概観すると，1990 年のバブル崩壊，1995 年の阪神・淡路大震災，1997 年のアジア金融危機，1998 年の LTCM の破綻とロシア危機，2000 年の IT バブル崩壊，2008 年の世界金融危機 (リーマン・ショック)，2009 年のギリシャ危機，2011 年の東日本大震災などである。

連動銘柄数と株式市場の関連から考えると，とりわけ 2010 年以降から顕著に

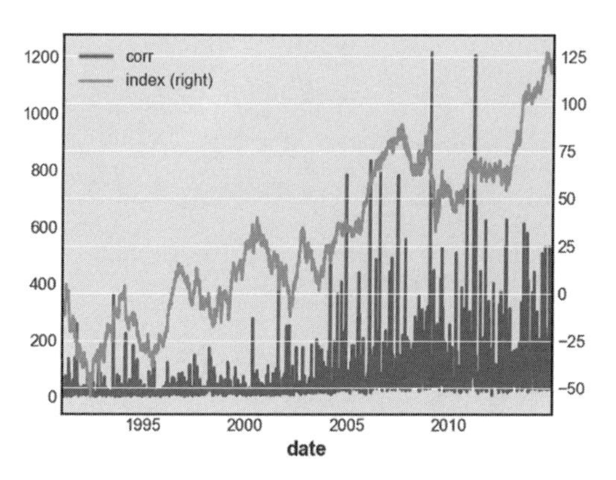

図 6.11 ハーディング指数 (黒線) と市場の動き (うすいグレーの線)。左軸は連動銘柄数を示し，右軸は RMRF の累積値を表している。

連動銘柄数が増加していることがわかる。これは，いわゆる高頻度取引 (high frequency trade: HFT) が一般的になってきた時期と重なる。アルゴリズムで機械的に判断して売買する手法は，従来人間のトレーダーが意思決定していた時代と比較すると，はるかにおおくの銘柄を同時に取引することが可能となる。そのため連動銘柄数の上昇の程度も以前よりかなり極端になっていると考えることができる。したがって，ハーディングの程度を可視化し，時系列に比較可能な指標とするためには，日々の連動銘柄数を総出来高で基準化するなどの工夫が必要かもしれない。

厳密ではないが，連動銘柄数の上昇は，株式市場の大幅変動と関連性がありそうだ。とりわけ大幅に下落しているタイミングと連動銘柄数上昇のタイミングは一致していることがおおい。こうした指標は，市場にどの程度のハーディングが発生しているかについての参考情報となるだろう。

章 末 問 題

(1) `accrualsData.csv` には，`year` 列の 3 月末に決算を迎えた企業の当期純利益 (`NI`)，営業活動によるキャッシュフロー (`CFO`)，期首時点の総資産額 (`laggedAssets`) の仮想データが収録されている。t 年 ($t = 2007, 2008, \ldots, 2013$) の各企業のアクルーアルズを (6.3) 式のとおりに計算し，その大きさにもとづいて 10 個のポートフォリオを構築してみよう。その後，ポートフォリオ内の銘柄に対して等しくウェイトを掛けて，t 年 7 月から $t+1$ 年 6 月までの 1 年間運用をおこなうというアクルーアルズにもとづく取引戦略を実行したとしよう。2007 年 7 月から 2014

年6月までの84ヶ月の運用結果をもとにして，各ポートフォリオのFF3アルファを推定してみよう。また，アクルーアルズがもっとも高い銘柄群をショートし，それがもっとも低い銘柄群をロングするというロング・ショート戦略を採用した場合のFF3アルファもあわせて推定してみよう。

(2) コード6.7について，`rolling().corr()` をもちいて実装してみよう。

文　献

1) Brown, C. N., Wei, K. D. and Wermers, R. (2013). Analyst recommendations, mutual fund herding and overconfidence in stock prices. *Management Science*, 60, pp. 1–20.
2) Graham, J. (1999). Herding among investment newsletters: Theory and evidence. *Journal of Finance*, 54, pp. 237–268.
3) Sloan, R. G. (1996). Do stock prices fully reflect information in accruals and cash flows about future earnings? *The Accounting Review*, 71, pp. 289–315.
4) Trueman, B. (1994). Analyst forecasts and herding behavior. *Review of Financial Studies*, 7, pp. 97–124.

おわりに

「天体の動きは計算できるが，群衆の狂気は計算できない」これは，ニュートン力学や微積分法を発見したことで有名なニュートン (Isaac Newton) が，株式投資に失敗したのちに残した言葉だという。投資の最前線にいるものは，このニュートンの叫びには共感するのではないか。ほんとうのリスク，それはこれまで学習してきた標準偏差でもベータでもなく，そう簡単には計算できない「何か」なのだ。そういう市場の厳しい現実に対峙するにあたって，過去に有効なアルファを達成した要因をデータ・スヌーピング*1) だと批判し，無視してしまうことは正しい態度だろうか。どうしてそうなるかを説明できなくとも，現象的にあるファクターが平均リターンに深く関係していることは，データ・スヌーピングどころか，真実への道のりのヒントを示してくれているのかもしれない。

リスクファクターは普遍的でなければならないと考えられている。そのため，ある観測期間で有効でも，長期で有効なものでない限り取り上げられることはない。すくなくとも過去 30 年くらいの期間において頑健なファクターでなければ，見向きもされない。しかし，人間が形成する市場はもっとダイナミックに変化するものだ。資産価格評価モデルで説明できない誤差をノイズと切り捨て，説明できないが有効なファクターをデータ・スヌーピングだと批判するのことは得策ではない。科学的方法論にこだわりつつも，よりオープンマインドな視点でファイナンス研究の革新が必要な時期がきているのかもしれない。

すでに米国では，機械学習のアプローチで資産価格評価モデルを構築しようするこころみが増え始めている。ファイナンス研究者とコンピュータ・サイエンスの研究者が協力し合い，オルタナティブデータも活用しながら，とにかくよく現実を説明するモデルをひねり出そうというこころみだ。市場に勝つ「勘

*1) 5.8 節を参照。

勉で知的で創造的な投資家」は，どんなものでも受け入れつつ，常に考える態度を有しているに違いない。本書の読者の中から，新しい視点で金融市場をとらえ，ファイナンス研究の革新者があらわれんことを心待ちにしている。

索　　引

欧　字

メソッド

クラス

ライブラリ

あ　行

か　行

さ　行

た　行

は　行

ま　行

ら　行

わ　行

編集者略歴

岡田克彦（おかだ かつひこ）

1963年　兵庫県に生まれる
2006年　神戸大学大学院経営学研究科博士後期課程修了
現　在　関西学院大学大学院経営戦略研究科教授
　　　　(株)Magne-Max Capital Management, CEO/CIO
　　　　博士（経営学）

Pythonによるビジネスデータサイエンス4
ファイナンスデータ分析　　定価はカバーに表示

2022年3月1日　初版第1刷

編集者　岡　田　克　彦
発行者　朝　倉　誠　造
発行所　株式会社　朝　倉　書　店
東京都新宿区新小川町6-29
郵便番号　162-8707
電　話　03(3260)0141
FAX　03(3260)0180
https://www.asakura.co.jp

〈検印省略〉

中央印刷・渡辺製本

ISBN 978-4-254-12914-4　C 3341　Printed in Japan